U0182051

铬铁矿综合利用
与铬盐清洁制备

赵 青 刘承军 史培阳 姜茂发 著

科 学 出 版 社

北 京

内 容 简 介

本书面向铬盐行业绿色转型发展要求，针对铬铁矿碱性氧化法制备铬盐产品存在的污染大、流程长、耗能高、效率低等问题，聚焦关键核心难点与技术发展前沿，系统概述了铬铁矿资源现状、矿物属性及制备铬盐的生产工艺，着重分析了铬资源绿色高效利用关键难题，详细论述了铬铁矿还原焙烧工艺和硫酸浸出工艺，揭示了尖晶石及其伴生矿相的演变、破坏行为和离子释放规律，探讨了酸性体系铬铁分离的关键技术与前沿热点，提出了铬铁矿资源梯级提取和铬元素高识别度选择性富集的方法，在此基础上形成了碱式硫酸铬清洁制备工艺。

本书可供冶金、化工、资源、环境保护等行业从事生产、科研、设计、管理工作的人员阅读，亦可供高等院校相关专业师生参考。

图书在版编目（CIP）数据

铬铁矿综合利用与铬盐清洁制备 / 赵青等著. —北京：科学出版社，2023.6

ISBN 978-7-03-074333-6

Ⅰ. ①铬… Ⅱ. ①赵… Ⅲ. ①铬铁矿床-综合利用 ②铬酸盐-清洁工艺 Ⅳ. ①P618.3 ②TQ136.1

中国版本图书馆 CIP 数据核字（2022）第 240691 号

责任编辑：王喜军 陈 琼 / 责任校对：崔向琳
责任印制：吴兆东 / 封面设计：无极书装

科 学 出 版 社 出版
北京东黄城根北街 16 号
邮政编码：100717
http://www.sciencep.com

北京中石油彩色印刷有限责任公司 印刷
科学出版社发行 各地新华书店经销

*

2023 年 6 月第 一 版 开本：720 × 1000 1/16
2023 年 6 月第一次印刷 印张：8 1/4
字数：166 000

定价：98.00 元
（如有印装质量问题，我社负责调换）

前　言

铬资源利用过程中伴随大量铬污染物的排放，制约了资源利用效率的提高，造成了复杂的生态环境问题，铬盐等相关产业绿色转型举步维艰。如何坚持创新，打好铬污染防治攻坚战，推动形成节约资源和保护环境的空间格局、产业结构、生产方式，是摆在科研工作者面前的重要任务和重大课题。

在自然界中，铬铁矿是铬资源唯一能被利用的矿物形式，是铬行业中最重要的原料。一直以来，铬盐生产的主体思路均是提供强碱性环境，将矿石中的 Cr^{3+} 氧化为水溶性 Cr^{6+}，以实现铬资源的提取。大量含 Cr^{6+} 的废弃物随之产生，导致重大铬污染事件屡屡发生，造成了不可逆的生态破坏与无法挽回的严重损失。酸溶浸出铬铁矿较传统碱法具有处理温度低、无 Cr^{6+} 生成的突出优势，被认为是铬盐行业清洁化转型的优选路径。然而，酸溶浸出工艺研究起步较晚，诸多基础理论问题尚不明确，极大制约了该工艺的发展与产业化应用。

本书共分 7 章，概述了铬铁矿资源综合利用与铬盐清洁制备难题（第 1～3 章），围绕铬铁矿还原焙烧预处理（第 4 章）、铬铁矿硫酸浸出（第 5 章）、酸性体系铬铁分离（第 6 章）、碱式硫酸铬清洁制备（第 7 章）等内容开展论述，以期为铬铁矿高效清洁资源化利用提供有益指导和经验借鉴。

本书由东北大学多金属共生矿生态化冶金教育部重点实验室与冶金学院的赵青、刘承军、史培阳、姜茂发共同撰写完成。具体撰写分工如下：第 1～5 章由赵青和刘承军撰写，第 6 章由赵青和史培阳撰写，第 7 章由赵青和姜茂发撰写。全书由赵青完成统稿工作。

感谢东北大学闵义教授、孙丽枫副教授、张波副教授、亓捷老师、邱吉雨老师，以及芬兰埃博学术大学 Henrik Saxén 教授、Ron Zevenhoven 教授等对本书的指导。感谢梅孝辉博士、操龙虎博士、张庆松博士对本书的贡献。

感谢国家自然科学基金项目（52074078，51704068）、国家重点研发计划项目（2021YFC2901200）、国家重点基础研究发展计划（973 计划）项目（2012CB626812）、沈阳市中青年科技创新人才支持计划项目（RC220491）、中央高校基本科研业务费专项资金项目（N2125034，N2201023）、辽宁省自然科学基金项目（2019-MS-127）对本书的支持。

　　由于作者水平有限，书中难免存在不足之处，欢迎广大读者不吝赐教。

作　者

2022 年 11 月

目　　录

第1章 绪 论

对铬盐生产工艺的研究在 18 世纪 20 年代就已开始，起初人们利用硝酸钾和铬铁矿反应制备铬酸钾。随着生产工艺的发展，人们开始用钾的氢氧化物代替硝酸盐，在反应物中添加石灰，这就形成了有钙焙烧工艺的雏形。在之后的演变过程中，人们将氧化焙烧引入铬盐制备工艺，并用钠盐替代钾盐，将单一填充料发展为复合填充料（铬铁矿、纯碱、白云石、石灰石、返渣），从而确定了有钙焙烧的主体工艺路线。

自 1958 年我国开始生产铬盐以来，先后出现了 60 余家铬盐生产企业，经过大部分企业的关停、转型、整合，剩余企业承担着 40%的世界铬盐产品生产任务。国外铬盐产能集中，目前最大的 6 家铬盐生产企业供应了全球 60%的铬盐产品。相较而言，我国的铬盐生产企业规模过小、生产效率低、环境污染大[1]。碱性焙烧过程中产生的 Cr^{6+} 对生态环境造成了严重破坏。1966 年，辽宁省锦州市某铁合金厂铬系列产品的生产导致工厂下游 7 个自然屯 $25km^2$ 的地下水受到 Cr^{6+} 的严重污染，癌症发病率明显高于周边地区[2]。2011 年，云南省曲靖市陆良化工实业有限公司非法倾倒 5000t 铬渣，导致重大污染，造成周围 77 头牲畜死亡、多人罹患癌症、大片农田被污染[3]。此外，上海市、青岛市、宜兴市等地的铬盐厂也曾因污染问题被迫停产。

关于铬毒害作用的相关报道让社会对铬望而生畏。但我们应清楚地认识到，并不是所有的含铬物质都会威胁人体健康和生态环境，实际上铬的不同价态会使其性质产生很大差别。Cr^{3+} 是人体必需的微量元素，它是葡萄糖耐量因子的必要组成成分，能够保持糖耐量正常，有预防动脉硬化、保护视力和抗癌的作用，并且人体内的 Cr^{3+} 不会转化为有毒的 Cr^{6+}[4]。Cr^{3+} 摄取不足还会影响脂类、蛋白质和糖类的正常代谢。

一般所说的铬中毒主要是由 Cr^{6+} 引起的，它是 8 种对人体最有危害的化学物质之一，其作用机理与砷相似，白鼠致死量为 100mg/kg 左右[5]，Cr^{6+} 化合物口服致死量约 115g，水中 Cr^{6+} 浓度超过 0.1mg/L 就会引起中毒。因此在解毒过程中通常将 Cr^{6+} 转变为 Cr^{3+}，然后通过形成沉淀除去。美国国家环境保护局将 Cr^{6+} 确定为 17 种高度危险毒性物质之一，我国也将含铬废弃物列入《国家危险废物名录》[6]。

Cr^{6+} 形成的盐可以根据溶解性分为可溶性 Cr^{6+} 和不可溶性 Cr^{6+}。铬盐传统工艺中主要产生的为可溶性 Cr^{6+}，它具有的毒性主要源于其对有机体的强氧化腐蚀性。当人体接触 Cr^{6+} 时会引起皮肤、呼吸道、眼和消化道等部位损伤[7]。少量 Cr^{6+} 进入体内可以被胃酸还原为 Cr^{3+}，并随着排泄物排出。但大量摄入 Cr^{6+} 会引起消化系统疾病，并通过血液的吸收造成肾损伤，甚至诱发癌症。可溶性 Cr^{6+} 对植物的危害也是非常大的。土壤中的铬较水体和大气中分布更广，含量更高。由于土壤对 Cr^{6+} 的吸附能力仅为对 Cr^{3+} 的吸附能力的 0.3%～3%，铬一旦以可溶性 Cr^{6+} 的形式存在，其流动性和影响范围会迅速增加。

铬的污染主要是由含铬气体的排放和铬渣的堆积造成的。在铬盐厂周边区域内大气铬含量较高，对人和动物呼吸道影响较大。另外，铬渣的堆积使铬进入土壤中，对地下水和植物的生长构成威胁，并且铬渣的高碱度会影响生态的平衡[8]。目前对于铬渣的处理主要是在解毒后将其应用到生产水泥、镁砂、高炉炼铁造渣剂、提取金属等领域[9]。

由于铬污染事件的频发和生态环境的日趋恶化，国家对传统铬盐行业的清洁化转型给予了足够的重视。2004 年，中华人民共和国国务院令第 412 号决定，铬化合物生产建设项目审批权归国家发展改革委所有；国家各部委又先后出台多项文件，对生产线的审批、出口量的控制和无钙焙烧的推广等问题给出了明确的指示[10]。2011 年，中华人民共和国工业和信息化部发布《关于印发铬盐等 5 个行业清洁生产技术推行方案的通知》，提出到 2013 年底铬盐行业各个领域所需达到的技术普及指标，并对应用前景进行了分析[11]。2012 年，中华人民共和国工业和信息化部和中华人民共和国财政部发布《铬盐行业清洁生产实施计划》，明确要求在 2013 年底前全面淘汰有钙焙烧落后生产工艺，减少铬渣污染[12]。传统的有钙焙烧工艺逐渐向排渣量少的无钙焙烧工艺转型，科研工作者又相继提出了（亚）熔盐液相氧化和酸溶浸出等更为清洁的铬盐生产工艺。

自铬铁矿的酸溶浸出工艺被提出以来，许多科研工作者对此工艺的理论研究与技术开发做出了大量的努力。然而，关于铬铁矿中尖晶石相和硅酸盐相在硫酸浸出过程中相转变机理的研究尚不充足，对于两相间的相互作用规律未有明确解释。另外，氧化剂在矿石酸解过程中所起到的具体作用仍不明晰，它对尖晶石结构的破坏方式有待进一步探究。多位学者曾在研究中提及硫酸盐析出现象，但硫酸盐析出的具体原因尚不明确，有效避免硫酸盐析出方式也一直未见报道。以上这些问题都严重制约了铬铁矿硫酸浸出过程中铬浸出率的进一步提高。

铬离子和铁离子共存于浸出液中，两者均为溶液中的主体金属离子且有效离子半径相近，在多组分酸性溶液中难以实现深度分离，严重影响铬盐产品的质量。这也是国内外铬盐行业普遍选择碱法生产的重要原因之一。借鉴湿法冶金和化工领域内成熟的除铁工艺，探索一种适用于铬铁矿硫酸浸出液的除铁方法，对于铬铁矿酸溶浸出工艺的产业化推广具有极其重要的意义。

在铬铁矿酸溶浸出制备铬盐的工艺中，为破坏矿石中稳定的尖晶石结构，需要使用大量的硫酸和氧化剂，导致生产成本难以有效降低，设备腐蚀问题较为突出。因此，探索一种铬铁矿的预处理工艺，破坏矿石中的尖晶石结构，分离去除其中的铁元素，从而提升矿石品位，降低矿石稳定性，对于碱式硫酸铬清洁制备工艺的设计开发和我国低品位铬铁矿资源的综合利用具有一定的指导意义。

参 考 文 献

[1] 纪柱. 中国铬盐近五十年发展概况[J]. 无机盐工业，2010，42（12）：1-15.

[2] 兰铁刚，卢琛. 锦州铁合金厂铬污染治理回顾与展望[J]. 铬盐工业，2000（1）：39-43.

[3] 颜牛. 云南曲靖铬渣污染事件：铬渣之害何时消[EB/OL].（2011-09-06）[2022-05-25]. https://www.chinanews.com/cj/2011/09-06/3308787.shtml.

[4] Wang Q J. Advantages and disadvantages of chromium salt[J]. China Leather，2012，41（1）：39-42.

[5] Wilbur S B. Toxicological Profile for Chromium[R]. Atlanta：U.S. Department of Health and Human Services，2000.

[6] 中华人民共和国环境保护部，中华人民共和国国家发展和改革委员会. 国家危险废物名录[EB/OL].（2008-06-17）[2022-05-16]. http://www.gov.cn/flfg/2008-06/17/content_1019136.htm.

[7] 张汉池，张继军，刘峰. 铬的危害与防治[J]. 内蒙古石油化工，2004，30：72-73.

[8] 许友泽. 铬渣堆场污染土壤微生物修复工艺研究[D]. 长沙：中南大学，2009.

[9] 杨振祥，蒋凌云，章苏，等. 铬铁矿无钙焙烧新工艺及其铬渣的利用[J]. 铬盐工业，2006（1）：46-50.

[10] 纪柱. 我国铬盐发展的拙见[J]. 铬盐工业，2007（1）：45-50.

[11] 中华人民共和国工业和信息化部. 关于印发铬盐等 5 个行业清洁生产技术推行方案的通知[EB/OL].（2011-08-24）[2022-05-18]. http://www.gov.cn/gzdt/2011-08/24/content_1932089.htm.

[12] 刘菊花. 有钙焙烧生产工艺面临全面淘汰[N]. 中国化工报，2012-03-16（6）.

第 2 章　铬　铁　矿

2.1　铬铁矿资源现状

世界铬铁矿资源总量约 120 亿 t。截至 2018 年，世界铬铁矿探明储量约 5.6 亿 t[1]。虽然铬铁矿总量很可观，但其分布极不均衡。铬铁矿主要分布区域为东非大裂谷矿带、欧亚界山乌拉尔矿带、阿尔卑斯—喜马拉雅矿带和环太平洋矿带。近南北向褶皱带中的铬铁矿资源量占世界总储量的 90%以上[2]。世界巨型铬铁矿区主要有南非布什维尔德杂岩体（储量约 9.6 亿 t）、津巴布韦大岩墙（储量约 1.4 亿 t）、哈萨克斯坦顿斯克铬铁矿（储量约 1.66 亿 t）和俄罗斯南乌拉尔肯皮尔赛铬铁矿床等[3]。就不同国家而言，铬铁矿储量差异也较大。其中南非、哈萨克斯坦和津巴布韦三国铬铁矿储量占世界已探明铬铁矿总储量的 90%左右，仅南非一国就拥有约 69 亿 t 的铬铁矿储量，约占世界总量的 3/4，英国、法国、德国等国家完全没有铬铁矿床，整个北美洲也仅有为数不多的贫矿。图 2.1 为铬铁矿资源在世界各国的分布情况。

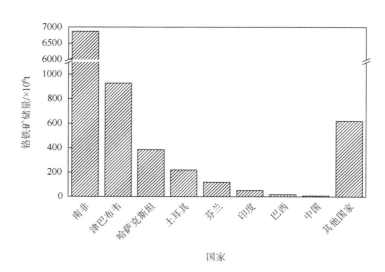

图 2.1　世界铬铁矿储量分布

受铬铁矿成矿条件的影响，我国铬铁矿床主要为岩浆晚期矿床，分段集中分布。目前尚未在前寒武纪地质区中发现南北向铬铁矿带，并且已发现的矿带中没有工业利用价值最大的层状型铬铁矿床。预测我国铬铁矿资源总量约 4400 万 t，资源潜力约 3100 万 t[4]。我国尚未发现储量大于 500 万 t 的大型铬铁矿床，百万吨级的中型矿床也只有 4 个，分别分布在西藏的罗布莎、甘肃的大道尔吉、新疆的萨尔托海和内蒙古的贺根山，西藏、甘肃、新疆和内蒙古四省区的铬铁矿储量占全国总储量的 84.8%，给矿石的利用与运输带来了极大的困难。不仅如此，我国铬铁矿的品位也不容乐观，在全国保有储量中，化工级和冶金级矿石各占 38%，耐材级矿石占 24%，贫矿（Cr_2O_3 质量分数≤32%）与富矿（Cr_2O_3 质量分数＞32%）的储量大体各占一半。因此无论是量上还是质上，我国都是一个铬铁矿资源相当匮乏的国家[5-7]。除此之外，国际铬铁矿资源几乎都被国外大型企业垄断，除我国中钢集团和五矿集团等少数企业在海外有铬铁矿山资源外，瑞士斯特拉塔（Xstrata）、南非科马斯（Kermas）和哈萨克斯坦欧亚天然资源公司（Eurasian Natural Resources Corp，ENRC）控制着全球绝大多数铬铁矿山资源。

21 世纪以来，随着不锈钢和铬盐行业的迅速发展，我国对铬铁矿资源的需求与日俱增，受自身保有量的限制，铬铁矿的对外依存度高达 90%以上，长期大量依靠进口铬铁矿已经成为我国的必然选择。我国的铬铁矿进口量与世界铬铁矿总产量表现出极为密切的关系，并始终保持着铬铁矿进口量第一大国的地位。然而，资源利用率低、生产成本高、环境污染大等问题一直是铬铁矿相关产业发展的顽疾。

2.2 铬铁矿成矿过程

学者对铬铁矿成因的认识经历了漫长的过程。19 世纪，以巴乌格尔杰为代表，学者通过显微镜研究，在二辉橄榄岩中发现铬透辉石在蛇纹石化过程中分解，并形成次生铬尖晶石类矿物。从此，人们认为铬铁矿的形成与蛇纹石化有关[8]。19 世纪末期，人们在未受蚀变的超基性岩中发现了铬铁矿，进而发展了岩浆成因的假说。20 世纪上半叶，此假说被大多数人认可。目前已知的铬铁矿床主要为岩浆早期分凝矿床和岩浆晚期矿床[9]。岩浆冷凝时，随着温度的逐渐下降，各种矿物依次从岩浆中晶出。析晶过程中，密度大的矿物在岩浆中逐渐下沉，密度小的矿物在岩浆中相对上浮，于是岩浆发生了分异，矿物呈现相对集中。因金属矿物结晶时间大多早于硅酸盐，或与早期硅酸盐同时晶出，矿床形成于岩浆结晶的早期阶段，故所形成的矿床称为早期岩浆矿床。

我国对铬铁矿床的研究工作开始于 20 世纪 50 年代初，进一步提出了铬铁矿床形成于晚期岩浆的理论，并通过液态重力分异理论解释了结晶分异问题[10]。随着硅酸盐矿物的大量晶出，金属组分在残余岩浆中相对富集，形成了含矿残余岩浆。在地质构造相对稳定的条件下，在岩体底部，含矿残余岩浆中的金属矿物组分充填在硅酸盐矿物的颗粒间，胶结硅酸盐矿物，形成似层状矿体。在地质构造比较活跃的条件下，受构造应力的作用，含矿残余岩浆可被挤入岩体的原生构造裂隙或附近围岩的构造裂隙中，形成贯入式矿体，成矿作用发生于岩浆作用晚期，故所形成的矿床称为晚期岩浆矿床。晚期岩浆矿床大多由岩浆结晶分异末期所聚集的残余含矿岩浆在原地冷凝结晶而成。矿化的富集与岩体的分异程度有关。由于硅酸盐矿物结晶较早，晶形比较完整，金属矿物大多充填于硅酸盐矿物晶粒间，形成典型的海绵陨铁结构。

近几十年来，随着实验岩石学的发展，岩石学家通过多次的熔融实验模拟了不同温度和压力下的上地幔岩。结果表明，在 0～500MPa 压力条件下，固相线温度较低（1150℃左右）。在此温度下，上地幔橄榄岩开始熔融。随熔融温度升高，矿物从固相中消失的顺序是：单斜辉石—斜方辉石—铬尖晶石类（石榴子石）—橄榄石。在大于 500MPa 压力条件下，随着熔融温度升高，矿物从固相中消失的顺序是：单斜辉石—铬尖晶石类—斜方辉石—橄榄石。上地幔橄榄岩不同程度熔融既制约了熔融出的岩浆成分，也制约了上地幔岩残留体岩石成分及其矿物组成。

根据上地幔岩高压熔融实验结果，若熔融温度超过 1500℃，上地幔岩中铬尖晶石类熔融程度可能大于 40%。此时残留上地幔橄榄岩应为纯橄榄岩。在纯橄榄岩中观察到的呈豆荚状、囊状铬铁矿体应为熔出的富铬岩浆运移滞留体固结成矿的。若熔融温度接近 1500℃，未能达到铬尖晶石类矿物全部熔融的程度，残留上地幔岩相当于方辉橄榄岩，岩体中可见到似层状变余构造的铬铁矿层。

2.3　铬铁矿矿相组成

铬铁矿是一类以铬铁尖晶石为主的矿石，通常以不规则粒状致密集合体出现，主体为黑褐色，具有金属光泽，表面有绿色或者黄色斑点和条纹，Cr_2O_3 质量分数通常为 18%～62%。由于铬铁矿成矿条件具有复杂性，不同产地的铬铁矿在一些性质上略有差异。铬铁矿中的主要金属元素为铬和铁，伴生金属主要为镁和铝，它们以类质同象尖晶石的结构存在，因此铬铁矿通常可以用 $(Mg^{2+},Fe^{2+})(Cr^{3+},Al^{3+},Fe^{3+})_2O_4$ 的通式进行表达[11]。铬铁尖晶石相晶格由氧骨架构成，并以面心立方最密堆积的形式排布，其中，二价金属离子占据四面体中心，三价金属离子占据八面体中心，晶体结构如图 2.2 所示。从晶体学上讲，以上五种阳离子相互组合替换形成的类质同象尖晶石属于同一空间群，且相应结构单元处于相同的等效点系位置，这使它们具有相同的化学键类型，并且具有相似的结构单元性质[12]。由于空间群的类别是基于 X 射线衍射（X-ray diffraction，XRD）等技术所确定的，晶格常数的微小差异无法通过 XRD 谱图中衍射峰的位置来体现[13]。同时，半径较小的 Mg^{2+}、Al^{3+} 和 Fe^{3+} 替代了半径较大的 Fe^{2+} 和 Cr^{3+}，导致铬铁矿中尖晶石相的晶格常数较纯铬铁尖晶石（$FeCr_2O_4$）要小，空间排列更为紧密，使矿石具有较高的硬度、熔点和化学稳定性，给铬铁矿的冶炼带来了极大的难度。

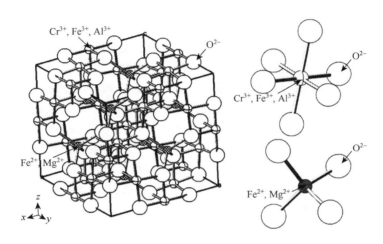

图 2.2　铬铁尖晶石相晶体结构

根据阳离子在尖晶石结构中的分布情况，可将尖晶石结构划分为以下三种主要类型。

（1）正尖晶石型。$A[B_2]O_4$ 型。在单位晶胞中 8 个 A 组阳离子占据四面体位置，16 个 B 组阳离子占据八面体位置。例如，铬铁矿 $FeCr_2O_4$。

（2）反尖晶石型。$B[AB]O_4$ 型。在单位晶胞中一半 B 组阳离子（8 个）进入四面体空隙，全部 A 组阳离子（8 个）和剩余的一半 B 组阳离子（8 个）进入八面体位置。例如，磁铁矿 Fe_3O_4。

（3）混合型。可表示为 $A_{1-x}B_x[A_xB_{2-x}]O_4$。例如，镁铁矿 $MgFe_2O_4$。

不仅铬铁矿中尖晶石的金属阳离子类型对结构有明显影响，SiO_2 的赋存状态和结合方式对其结构性质也有着较大影响。化学组成几乎相同的铬铁矿的性质有较大差别的原因就在于铬铁矿中 SiO_2 的结合方式不同。SiO_2 在铬铁矿中的结合方式和赋存状态可以有以下几种：$3MgO·4SiO_2·2H_2O$（滑石）、$2MgO·SiO_2$（橄榄石）和 $3MgO·2SiO_2·2H_2O$（蛇纹石）等。

2.4 铬铁矿的应用

铬铁矿床按其围岩（熔岩矿石）组合、侵位方式、形态产状、岩石和矿石的结构等特征，可分为层状型、豆荚状型和似层状型三种[14]。层状型铬铁矿床工业利用价值最大，是最主要的储藏形式；豆荚状（阿尔卑斯）型铬铁矿床规模差异较大，此类矿石是蛇绿岩的特征性矿产之一，已探明的百万吨级矿床仅 10 余个[15]；似层状型铬铁矿床的形成机理与层状型铬铁矿床类似，但是规模要小一些。

铬铁矿主要应用于冶金、耐材和化工三大领域[16, 17]。在冶金领域，铬铁矿主要用于生产铬铁合金及金属铬。铬元素能有效增强钢的耐高温性、耐腐蚀性和耐磨性，因此铬铁合金又可以作为钢的添加料生产各种合金钢（主要是不锈钢）。此外，铬还能与其他金属生产超级合金[18]，在军工、交通、汽车制造、大型设备及日常生活用品等各方面都能够见到含铬产品的身影[19, 20]。在耐材领域，铬铁矿主要用来制造铬砖、铬镁砖和其他特殊耐火材料[21]。在化工领域，铬铁矿主要用来生产各种铬盐，从而应用于颜料、制革、纺织、电镀等工业，还可生产催化剂和触媒剂等[22]。目前，各国已经将铬铁矿资源作为重要的战略资源[23]。

可以根据矿石中 $m(Cr)/m(Fe)$ 将铬铁矿划分为化工级（$1.5<m(Cr)/m(Fe)<2.0$）、冶金级（$m(Cr)/m(Fe)>2.5$）和耐材级（$1.5<m(Cr)/m(Fe)<2.0$，Al_2O_3 质量分数>20%）[24]；也可以根据成分占比来划分铭铁矿[25]，见表 2.1。

表 2.1 铬铁矿应用领域及相应成分（以质量分数计，单位：%）

成分	冶金	化工	耐材	铸造
Cr_2O_3	>46	>44	30～40	>44
SiO_2	<10	<3.5	6	<4
Al_2O_3	—	—	25～30	—
CaO	—	—	—	<0.5

参 考 文 献

[1] United States Geological Survey. Chromium Mineral Commodity Summaries[R]. Reston: United States Geological Survey, 2019.

[2] 胡亮, 陈加希, 彭建蓉, 等. 铬资源与先进铬合金[M]. 北京: 化学工业出版社, 2010.

[3] 胡德文. 铬铁矿市场集中度研究[C]. 成都: 循环经济与矿产综合利用技术发展研讨会, 2009: 32-33.

[4] 陈向阳, 谢群. 中国铬铁矿的现状与展望[J]. 甘肃科技纵横, 2006 (5): 38.

[5] 张德琦. 世界铬铁矿的产销情况[J]. 建材工业信息, 1995 (9): 11.

[6] 吴智慧, 奚牲, 吴初国. 我国短缺矿产的问题与对策——铬铁矿[J]. 中国地质, 1999 (11): 47-49.

[7]   褚洪涛. 我国铬铁矿资源供求分析与对策探讨[J]. 采矿技术，2008，8（2）：87-88.

[8]   周永璋. 铬铁矿床成因论[J]. 地质找矿论丛，1996，11（1）：44-49.

[9]   王述平. 关于铬铁矿成因类型的探讨[J]. 中国地质，1963（5）：3-14.

[10]   王恒升，白文吉，王炳熙，等. 中国铬铁矿床及成因[M]. 北京：科学出版社，1983.

[11]   阎江峰，陈加希，胡亮. 铬冶金[M]. 北京：冶金工业出版社，2007.

[12]   黄幼青，胡盛志. 关于类质同晶与同质多晶判断的札记[J]. 结构化学，1998，17（3）：205-208.

[13]   Kanari N，Gaballah I，Allain E，et al. A study of chromite carbochlorination kinetics[J]. Metallurgical and Materials
       Transactions B，1999，30（4）：577-587.

[14]   陶鑫. 铬矿定价影响因素的研究及对我国企业采购策略的启示[D]. 上海：上海交通大学，2011.

[15]   杨经绥，巴登珠，徐向珍，等. 中国铬铁矿床的再研究及找矿前景[J]. 中国地质，2010，37（4）：1141-1150.

[16]   张福生，高鹏，陈甲斌. 我国铬铁矿未来供需态势与调控政策分析[J]. 地质找矿论丛，2005，20（3）：215-217.

[17]   刘元根. 西藏铬铁矿资源的合理开采和利用刍议[J]. 冶金矿山设计与建设，1996（5）：9.

[18]   余良晖，王海军，于银杰. 我国铬铁矿战略储备构思[J]. 国土资源，2006（67）：24-25.

[19]   陈津，王社斌，林万明，等. 21 世纪中国铬业资源现状与发展[J]. 铁合金，2005（2）：39-41.

[20]   王维德. 世界铬矿石和铬铁合金生产综述[J]. 矿业工程，2003，1（6）：10-13.

[21]   魏霞. 国内外铬工业的现状[J]. 云南冶金，1995，24（2）：1-5.

[22]   胡德文，马成义，陈甲斌. 我国铬铁矿供需状况及其可持续供应对策探讨[J]. 矿产保护与利用，2004（3）：
       9-11.

[23]   National Materials Advisory Board，National Academy of Sciences. Report of the Committee on Contingency
       Plans for Chromium Utilization[R]. Washington D C：National Materials Advisory Board，National Academy of
       Sciences，1978.

[24]   Nafziger R H. A review of the deposits and beneficiation of the low-grade chromite[J]. Journal of the Southern
       African Institute of Mining and Metallurgy，1982，8：205-225.

[25]   Harben P W. The Industrial Minerals Handybook[M]. London：Industrial Minerals Division，1955.

第3章　铬盐生产工艺与清洁化生产

铬盐是指含铬的化合物，主要包括铬酸盐、重铬酸盐、碱式铬酸盐、铬氧化物和铬氯化物。铬盐是一种重要的化工产品，由于其独特的物理化学性质而广泛应用于制革、冶金、颜料、染料、木材防腐、军工等行业。铬盐行业对我国国民经济有着至关重要的作用，随着在科研生产、政策扶持、环境保护等方面投入力度的加大，我国铬盐生产能力从 2000 年开始已经超越美国，跃居世界第一[1]。一方面，我国自身发展需要消耗大量铬盐；另一方面，发达国家迫于环境压力将高污染生产线转向我国，转而从我国直接进口铬盐产品。目前，铬盐生产工艺分为传统的碱性氧化工艺和酸溶浸出工艺。

3.1　有钙焙烧工艺

有钙焙烧工艺以铬铁矿、纯碱、白云石、石灰石和返渣（铬渣）为原料，在高温（800～1200℃）下氧化焙烧铬铁矿，使矿石中的铬氧化物在碱性条件下氧化成高价可溶性的铬酸钠，然后通过水浸分离含铬相与不溶渣。铬酸钠经处理后可生产重铬酸钠或进一步经蔗糖还原制备碱式硫酸铬[2]，工艺流程如图 3.1 所示。有

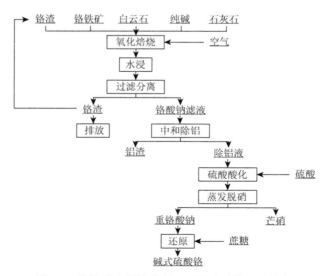

图 3.1　铬铁矿有钙焙烧制备碱式硫酸铬工艺流程

钙焙烧过程中石灰会与杂质形成难溶于水的酸溶铬,进入铬渣后导致大量铬流失,80%以上的铬损是由这种方式造成的。铬渣中难溶 Cr^{6+} 的存在不仅降低了铬的利用率,还会在自然界中转变为水溶性 Cr^{6+},对周边生态造成威胁。目前,国外已废除了有钙焙烧工艺,我国也正在逐步淘汰此项落后工艺。

3.2　无钙焙烧工艺

为解决有钙焙烧排渣量大的问题,德国于 20 世纪 50 年代开始研究无钙焙烧工艺[3, 4]。此工艺的主要原料为铬铁矿、纯碱和返渣(铬渣),在 1100~1200℃于回转窑中进行氧化焙烧[5],待冷却后湿磨浸取。得到的浆液通过旋流器分级并洗涤过滤,将粗渣作为原料返回配料,细渣经解毒后排放。滤液合并后进行中和除铝,再经洗涤过滤,排出滤渣。除铝液经浓缩、酸化、脱硝结晶等工序后可得碱式硫酸铬,工艺流程图如图 3.2 所示。

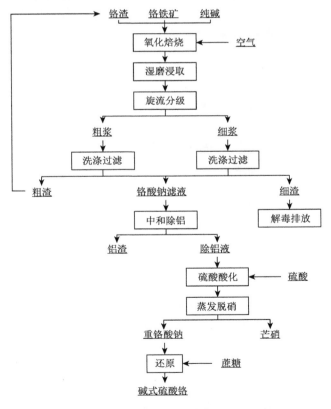

图 3.2　铬铁矿无钙焙烧制备碱式硫酸铬工艺流程

　　继德国之后，英国、美国、苏联和日本也相继对无钙焙烧工艺进行了系统研究，并逐步替代了有钙焙烧工艺[6]。我国从 20 世纪 70 年代开始研究无钙焙烧工艺，2003 年，甘肃锦世化工厂初步实现无钙焙烧工业化。纪柱等从 1982 年开始发表无钙焙烧工艺的相关文章，先后得出了熟料的组成及其性质、少碱焙烧路线与足碱焙烧路线和无钙焙烧路线中各工艺参数的较优值[7]。我国将无钙焙烧工艺列为"九五"国家重点科技攻关项目，并依靠自主研发于 2000 年底通过国家验收。无钙焙烧工艺使用反应粗渣代替钙质填充剂，减少甚至避免了氧化钙的加入，大大降低了有毒铬渣的排放量[8]。另外，无钙焙烧工艺对铬铁矿中铬浸出率也较有钙焙烧工艺高。但无钙焙烧工艺并没有从根本上解决 Cr^{6+} 污染的问题，且该工艺仍存在碱耗量大、焙烧温度高、反应时间长等问题。

3.3　（亚）熔盐液相氧化工艺

　　（亚）熔盐液相氧化工艺是将铬铁矿悬浮在熔融态或亚熔融态烧结介质中来进行铬氧化的方法，通过后续的分离、过滤、纯化等工艺制备相应的铬产品[9]，工艺流程图如图 3.3 所示。它是为解决 Cr^{6+} 的污染问题而进行的众多探索中较为成功

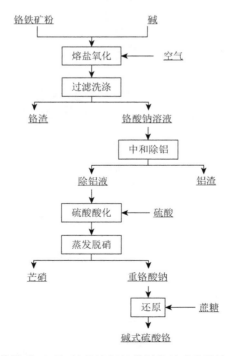

图 3.3　铬铁矿（亚）熔盐液相氧化制备碱式硫酸铬工艺流程

的工艺，无论在推广难度还是在生产成本上，（亚）熔盐液相氧化工艺均有其一定的优势。在（亚）熔盐液相氧化工艺中，碱以熔融态或亚熔融态的形态存在，确保了较高的反应速率，使铬铁矿能够快速氧化分解；排渣量小，渣中 Cr^{6+} 含量很低，对环境的污染较小。然而，（亚）熔盐液相氧化工艺在应用过程中也存在自身的问题：①碱耗量大；②为了保证碱相的循环流动性，对设备的要求较高；③在生产过程中矿石内的硅、铝、铁等元素会通过形成可溶性盐进入产品中，部分碱也会被产品带出，对后续提纯分离提出了较高的要求。

中国科学院过程工程研究所先后研究了机械活化对碱浸出的影响[10]、铬铁矿在加压碱液中的动力学行为[11]及其分解规律[12]、电化学对亚熔盐液相氧化工艺的促进作用[13]。（亚）熔盐液相氧化工艺在较低温度下具有较大的反应趋势和较宽松的反应条件，较传统焙烧过程有更好的发展前景[14]。值得一提的是，研究者还将氢氧化钾液相氧化生产铬酸钾的工艺成功应用于半工业化生产中。

3.4　酸溶浸出工艺

酸溶浸出工艺是利用硫酸等酸性溶液酸解铬铁矿，破坏尖晶石结构，然后经后续的除杂分离工序制备正三价铬盐产品[15]。铬铁矿酸溶浸出工艺自提出以来，以其高效和清洁的特性得到了越来越多科研工作者的关注[16]。Vardar 等[17]研究了硫酸对铬铁矿的侵蚀作用，认为氢质子攻击铬铁矿晶格是铬铁矿分解的主要原因。这种破坏作用使金属离子以它们在晶格中的比例进入溶液。Geveci 等[18]用硫酸、高氯酸的混合溶液对土耳其铬精矿进行了浸出研究，认为高氯酸能够大幅提高铬浸出率。当液固比为 0.5mL/g 时，铬浸出率可达 83%，并且溶液中的铬离子均以 Cr^{3+} 形式存在。与 Vardar 等[17]的研究相似，大量硫酸盐的析出造成了一定的铬损失，这些硫酸盐覆盖在未反应矿石的表面，阻滞了浸出反应的进行。Amer[19]通过加压浸取铬铁矿降低了硫酸的浓度和用量，缩短了反应时间，并认为铬铁矿粉的粒度对铬浸出效率有明显影响。

史培阳[20]以电位-pH 图为依据，用硫酸酸解南非铬铁矿，再用黄铁矾法进行铁元素分离，进而制得了碱式硫酸铬产品，并综合考察了硫酸浸出过程中矿粉粒度、硫酸浓度、硫酸用量、氧化剂用量、反应温度等因素对铬浸出率的影响。高占博[21]对巴基斯坦铬铁矿的硫酸浸出过程进行了研究，并得到了实验条件下铬铁矿硫酸浸出动力学方程。刘承军等[22, 23]研究了在铬铁矿硫酸浸出过程中硫酸用量的作用，发现随着硫酸用量的增加，铬浸出率逐渐增大，当使用相当于铬铁矿质量三倍的硫酸时，铬浸出率可达 98.5%。铁浸出率表现出先增大后减小的趋势，在硫酸与铬铁矿的质量比为 2.5 时呈现极大值 70.1%。另外，刘承军等[24]还对铬铁矿的水热浸出工艺进行了探究，发现通过对反应体系施加压力可在一定程度上降低酸耗量，这与 Amer[19]的研究结果一致。

3.5　铬渣危害及其资源化利用

铬渣是铬盐工业从铬铁矿中提取铬元素后余下的尾矿。依据生产工艺，铬渣可分为有钙渣、无钙渣以及酸性浸出渣。不同铬渣种类之间存在化学组成差异，见表 3.1。

表 3.1　典型铬渣化学组成（以质量分数计，单位：%）

渣类	Ca	Fe	Mg	Cr	Al	Si	Cr^{6+}
有钙渣	23.63	14.22	12.11	10.32	5.37	5.11	2.31
无钙渣	0.17	29.71	6.49	8.35	17.85	1.35	0.10
酸性浸出渣	0.01	42.31	6.24	0.10	1.61	1.86	0.01

铬主要以正三价和正六价氧化态存在。Cr^{2+}不稳定，易氧化为 Cr^{3+}。Cr^{6+}化合物具有毒性，易溶。因此，在利用铬铁矿制备铬盐工艺中，通常将铬元素以 Cr^{6+} 溶出后制备相应的铬盐产品。所得工业废渣、粉尘及废水等因存在铬元素，造成土壤以及水体的污染，对环境造成威胁[25]。同时，Cr^{3+}化合物是动植物必需的营养物质，但当积累量过高时，会导致严重的健康问题[26]。因此，如何实现铬盐工业的清洁化生产一直是全球面对的共性问题。

从表 3.1 中可以看出，铬渣中含有铬、钙和镁等多种金属元素，是一种潜在的二次资源。近年来，铬渣资源化利用研究快速发展，铬渣的无害化处理和资源化利用已取得一定的成效。其无害化处理的原理主要分为以下两种：一是利用还原性物质将 Cr^{6+}转变为 Cr^{3+}；二是利用固化剂包裹、沉淀、吸附 Cr^{6+}，降低其迁移性。

3.5.1　有钙渣

有钙渣为有钙焙烧工艺所得尾矿，其资源化利用方法可分为：①回收金属元素；②用作助溶剂；③充当水泥添加剂；④用作催化剂。

有钙渣中钙、镁、铝、铁、铬等多种金属元素均具有回收价值，因铬是战略资源，故目前多数研究以铬元素回收为主。其回收方法主要包括酸浸法、碱浸法、氧化钠化焙烧法以及氯化焙烧法。酸浸法基于氢离子（H^+）的强腐蚀作用，破坏固溶体结构，从而实现完全提取。然而，H^+不具有选择性，浸出液成分复杂，不利于后续含铬产品的制备[27]。当 Cr 以正六价态存在时，易于实现与铁、铝、钙和镁等杂质元素的分离。因此，以氯酸钠、过碳酸钠作为氧化剂，氢氧化钠-碳酸钠提供碱性环境，抑制铁、铝、钙、镁等金属元素的浸出，避免杂质离子产生，但由于传输限制，铬浸出率有限。此外，基于不同金属氧化物间氯化活性差异以及不同金属氯化物间挥发性差异，可以选择高温氯化焙烧工艺（有钙渣与氯化物混合，如氯化钙、氯化镁和氯化钠）实现铬分离回收[28]。利用氯化铁和氯化铬之间的挥发性差异，高温焙烧使铁元素以气态氯化铁挥发，用水吸收即得氯化铁溶液。焙烧渣中铬以水溶性氯化铬存在，用水浸出即得氯化铬溶液。

　　铬铁矿有钙焙烧过程中，为提高铬铁矿氧化效率，需加入大量白云石、石灰石作为惰性填料，稀释高温熔融碳酸钠-铬酸钠，减小铬铁矿表面液相厚度，降低气-固传质阻力[29]。因此，有钙渣化学组成与白云石、石灰石相近，含有大量氧化钙、氧化镁，具有助熔特性，可用于烧结炼铁、熔制玻璃。有钙渣用于烧结炼铁的占比均不超过 5%。基于烧结、炼铁两段高温还原过程，有钙渣中金属铬进入铁水，在实现有钙渣资源化利用的同时，也能有效解决其毒性问题。相比于烧结炼铁，有钙渣用于玻璃熔制的占比相对较高，且解毒效果较好。但玻璃熔制过程中，有钙渣解毒效果受制于配料中还原剂添加量和二氧化硅含量。一般情况下，还原剂添加量为理论用量的 2～2.5 倍，以提供充分还原气氛，保证铬酸钙、铬酸钠的完全分解。综上，烧结炼铁和熔制玻璃是当前有钙渣最主要的利用方式，具有还原彻底及铬浸出率高等特点，已实现工业化生产。但仍存在以下问题：一是有钙渣性质不稳定，造成物料配比、工艺参数波动明显，无法进行连续化生产；二是有钙渣掺入量过高，不利于工艺正常运行，降低产品质量；三是有钙渣运输、预处理、生产产品过程中易造成二次污染。

　　在有钙焙烧工艺中，原料白云石、石灰石与铬铁矿中二氧化硅、氧化铁、氧化铝发生复合反应，生成硅酸钙和铁铝酸钙，并留存于有钙渣中。有钙渣中硅酸钙、铁铝酸钙为水泥胶凝活性组分，故许多研究通过优化物料配比，采用有钙渣制备矿渣水泥，实现资源化利用[30]。此外，有钙渣成分复杂，特性多样，故其利用方式具有多样性。例如，利用有钙渣碱性和氧化性特点，吸收硫化氢气体[31]；利用有钙渣碱性及含钙、镁、铁、铝离子，处理含磷含铬废水[32]；利用有钙渣中Cr_2O_3制备有色玻璃；利用有钙渣中铬、镁元素制备耐火材料[33]。

3.5.2　无钙渣

　　无钙渣来源于铬铁矿无钙焙烧工艺，因冶炼工艺未使用钙质填料，故渣中钙含量较低，铁、铝、铬、镁等元素含量相应提高，其总质量分数高达 60%。

基于无钙渣化学组成特性，其金属元素回收利用方法主要分为湿法回收法和火法冶炼法。

湿法回收法基于相转移原理，利用浸提剂化学特性，通过复分解反应、离子交换、相似相溶等机制，将固相中金属元素转移至液相，从而实现分离回收。无钙渣中金属元素主要以氧化物形式存在，如氧化铁、氧化铝、氧化镁等。酸性浸提剂（硫酸、盐酸）具有强腐蚀性，能有效破坏氧化物结构，被广泛应用于渣中金属元素回收[34]。然而，湿法回收法选择性差，对渣中金属元素无差别回收，需增加后续分离步骤，方能实现资源化。

为避免湿法回收法无选择提取的弊端，火法冶炼法因具有优良选择性被引入无钙渣中金属元素回收过程。其中，还原剂包括煤、兰炭、碳等，黏结剂包括石英砂、硅石、氧化铝等。高温熔炼阶段所涉及的还原反应如反应（3-1）～反应（3-4）所示。当前，火法冶炼法基于不同金属元素的氧化性差异，实现铬铁选择性回收。然而，无钙渣铁铬品位低，工艺能耗高，产品用途有限，致使该法经济可行性欠佳。目前，针对火法冶炼法回收无钙渣中金属元素的研究仅停留在实验室阶段，尚无工业化应用趋势。

$$3Fe_2O_3(s) + C(s) === 2Fe_3O_4(s) + CO(g) \quad\quad （3-1）$$

$$Fe_3O_4(s) + C(s) === 3FeO(s) + CO(g) \quad\quad （3-2）$$

$$FeO(s) + C(s) === Fe(s) + CO(g) \quad\quad （3-3）$$

$$3Cr_2O_3(s) + 13C(s) === 2Cr_3C_2(s) + 9CO(g) \quad\quad （3-4）$$

3.5.3　熔盐液相氧化浸出渣

熔盐液相氧化浸出渣来源于铬铁矿熔盐液相氧化工艺，因处于高温碱性氧化环境，铬铁矿破坏彻底，铬浸出完全，故尾矿中几乎无铬元素残留。浸出渣中氧化铁质量分数高达42.3%，且杂质金属元素种类少、含量低，是一种潜在铁矿资源。基于熔盐液相氧化浸出渣化学组成特性，其资源化利用方式目前主要集中于炼铁可行性研究。采用氯化铵浸出液相氧化浸出渣，在氯化铵质量分数为20%、反应温度为150℃、液固比为6mL/g、搅拌速度为300r/min时浸出4h，镁、钙浸出率分别为86%和96%，同时，浸出渣中氧化铁质量分数提高至79.60%，可作为富铁矿，用于钢铁生产[35]。

当前，铬铁矿熔盐液相氧化作为一种铬盐清洁生产工艺，虽有资源利用率高、能耗低、污染小等特点，但也不乏高温高碱介质腐蚀性强、固液分离困难、产品纯化工艺复杂等问题，尚未大规模推广应用。因此，针对新铬渣资源化利用的研究也鲜见报道。

3.5.4　酸溶浸出渣

酸溶浸出渣为酸性溶液浸出铬铁矿所得残渣。在铬铁矿硫酸浸出过程中，局部温度过高、硫酸浓度过高导致动力学条件不足，会出现硫酸盐析出现象，导致酸溶浸出渣中含有硫酸铬、硫酸铁、硫酸铝和硫酸镁等硫酸盐相以及部分铬铁矿残留。其中，硫酸铬含量最高。研究者通过理论和实验研究探索了浸出渣中无水硫酸铬回收的可行性，并研究开发了一种富铬硫酸盐浸出渣的循环利用新工艺。浸出渣经水洗—硫酸铵洗—5%氢氧化钠溶液处理后，可回收渣中硫酸盐，最后得到未反应的铬铁矿用作硫酸浸出原料，可实现含铬物相的有效回收和资源的循环利用。

3.6　本 章 小 结

Cr^{6+}污染控制是制约铬盐行业生存和发展的关键难题，先污染后治理的道路已经无路可走，铬盐生产向清洁化转型已刻不容缓。作为可有效避免 Cr^{6+}生成的清洁生产工艺，铬铁矿酸溶浸出法得到了科研工作者越来越多的关注和认可。然而铬铁矿酸溶浸出工艺中的诸多理论问题仍未得到明确解释。关于矿石分解机理的研究目前只停留在推测阶段，并没有给出足够的证据说明各物相在硫酸浸出过程中的转变方式和金属离子的浸出顺序，对物相间的相互作用规律及矿石微观形貌变化更未见报道。另外，多位研究者提到了铬铁矿酸浸残渣中硫酸盐的存在，但对于其具体物相组成、形成原因和避免方式均未给出合理说明，极大限制了铬浸出率的进一步提升和铬渣清洁性的客观评价。

在浸出过程中铬铁矿金属离子全部进入浸出液，溶液中铬与杂质元素（尤其是铁元素）分离提取方法的选取直接决定了铬盐产品的质量，是目前铬铁矿酸溶浸出工艺产业化应用的重要课题。传统的铬盐生产思路是通过碱性氧化分解铬铁矿，Cr^{3+}向 Cr^{6+}转化，同时实现铬与杂质元素的有效分离，但造成的严重环境问题已注定它要被时代所淘汰。铬铁矿酸溶浸出工艺起步相对较晚，相关研究并不充足，针对酸浸后浸出液中有价金属元素分离提取的研究更是鲜有报道。另外，酸性体系溶液中金属离子间相互作用规律复杂，在其他体系得到的成功经验对本书的参考价值极为有限。因此，以制备合格的铬盐产品为目标，研究铬铁矿浸出液中有价金属元素的分离提取方法对于酸溶浸出工艺的开发及产业化具有极其重要的意义。

我国铬铁矿资源有限，对外依存程度高。铬铁矿的还原焙烧工艺是一种冶炼铬铁和铬合金的成熟生产工艺，相关报道较为全面，理论研究相对深入。然而，通过控制反应条件（尤其是焙烧温度），实现矿石中铁元素选择性还原的研究较为少见。因此，以铬铁矿还原焙烧工艺为基础，探究选择性除去矿石中铁元素的合理方法对于铬铁矿的综合利用具有重要的指导意义。

参 考 文 献

[1]　朱永旗，刘楠. 铬渣无小事[N]. 中国经济导报，2010-02-20（C01）.

[2]　Yarkadaş G，Yildiz K. Effects of mechanical activation on the soda roasting of chromite[J]. Canadian Metallurgical Quarterly，2009，48（1）：69-72.

[3]　纪柱. 铬铁矿无钙焙烧简介[J]. 铬盐工业，1996（2）：12-19.

[4]　纪柱. 铬铁矿无钙焙烧的反应机理[J]. 无机盐工业，1997（1）：18-21.

[5]　Li J G，Zhang L J，Chen C H，et al. Effect of oxygen content on oxidation ratio of chromium in lime free roasting process[J]. Inorganic Chemicals Industry，2011，43（10）：36-38.

[6]　纪柱. 德国铬铁矿无钙焙烧概况[J]. 铬盐工业，1997，2：1-14.

[7]　张大威，李霞，纪柱，等. 铬铁矿无钙焙烧工艺参数控制研究[J]. 无机盐工业，2012，44（6）：37-39.

[8]　Qi T G，Liu N，Li X B，et al. Thermodynamics of chromite ore oxidative roasting process[J]. Journal of Central South University of Technology，2011，18（1）：83-88.

[9]　Zhang Y，Zheng S L，Xu H B，et al. Decomposition of chromite ore by oxygen in molten NaOH-NaNO$_3$[J]. International Journal of Mineral Processing，2010，95（1-4）：10-17.

[10]　Zhang Y，Zheng S L，Du H，et al. Effect of mechanical activation on alkali leaching of chromite ore[J]. Transactions of Nonferrous Metals Society of China，2010，20（5）：888-891.

[11]　Chen G，Wang J J，Wang X H，et al. An investigation on the kinetics of chromium dissolution from Philippine chromite ore at high oxygen pressure in KOH sub-molten salt solution[J]. Hydrometallurgy，2013，139：46-53.

[12]　Zhang H，Xu H B，Zhang X F，et al. Pressure oxidative leaching of Indian chromite ore in concentrated NaOH solution[J]. Hydrometallurgy，2014，142：47-55.

[13]　Wang Z H，Du H，Wang S N，et al. Electrochemical enhanced oxidative decomposition of chromite ore in highly concentrated KOH solution[J]. Minerals Engineering，2014，57：16-24.

[14]　Chen G，Wang X H，Du H，et al. A clean and efficient leaching process for chromite ore[J]. Minerals Engineering，2014，60：60-68.

[15]　史培阳，刘素兰. 铬铁矿硫酸浸出试验研究[J]. 中国稀土学报，2002，20（9）：472-474.

[16]　纪柱. 铬铁矿酸溶生产三价铬化合物[J]. 无机盐工业，2012，44（12）：1-5.

[17]　Vardar E，Eric R H，Letowski F K. Acid leaching of chromite[J]. Minerals Engineering，1994，7（5-6）：605-617.

[18]　Geveci A，Topkaya Y，Ayhan E. Sulfuric acid leaching of Turkish chromite concentrate[J]. Minerals Engineering，2002，15（11）：885-888.

[19]　Amer A M. Processing of Ras-Shait chromite deposits[J]. Hydrometallurgy，1992，28（1）：29-43.

[20]　史培阳. 铬铁矿硫酸浸出制备碱式硫酸铬清洁生产工艺研究[D]. 沈阳：东北大学，2002.

[21]　高占博. 铬铁矿硫酸浸出新工艺的实验研究[D]. 沈阳：东北大学，2010.

[22]　Liu C J，Qi J，Jiang M F，et al. Experimental study on sulfuric acid leaching behavior of chromite with different temperature[J]. Advanced Materials Research，2012，361-363：628-631.

[23]　刘承军，史培阳. 硫酸加入量对铬铁矿硫酸浸出行为的影响[J]. 工业加热，2011，40（3）：14-16.

[24] 刘承军，史培阳，姜茂发. 一种硫酸浸出处理铬铁矿的方法：中国，CN201010511246.7 [P]. 2011-02-23.

[25] Kieber R J，Willey J D，Zvalaren S D. Chromium speciation in rainwater：Temporal variability and atmospheric deposition[J]. Environmental Science and Technology，2002，36（24）：5321-5327.

[26] Gibb H J，Lees P S，Pinsky P F，et al. Clinical findings of irritation among chromium chemical production workers[J]. American Journal of Industrial Medicine，2000，38：127-131.

[27] 王斌远，陈忠林，李金春子，等. 铬渣中铬的赋存形态表征和酸浸特性[J]. 哈尔滨工业大学学报，2015，47（8）：17-20.

[28] 郑敏，李先荣，孟艳艳，等. 氯化焙烧法回收铬渣中的铬[J]. 化工环保，2010，30（3）：242-245.

[29] Wazne M，Jagupilla S C，Moon D H，et al. Leaching mechanisms of Cr（Ⅵ）from chromite ore processing residue[J]. Journal of Environmental Quality，2008，37（6）：2125-2134.

[30] 杨红彩，陆秉权，李飞. 解毒铬渣粉对水泥净浆和胶砂性能的影响[J]. 中国建材科技，2014（2）：128-130.

[31] 彭亢晋. 还原铬渣去除废水中磷和铬的研究[D]. 上海：上海交通大学，2010.

[32] 方久华，左明扬，杨峰，等. 以废渣配制玻璃着色剂的研究[J]. 硅酸盐通报，2015，34（9）：313-316.

[33] 曹杨，郑丽君，宋建义. 镁砂加入量及粒度对铬渣砖性能的影响[J]. 耐火材料，2013，47（5）：396-399.

[34] 吴俊，程雯，全学军，等. 铬铁矿无钙焙烧渣的酸浸解毒及浸出行为[J]. 无机盐工业，2019，51（7）：64-67.

[35] 王云山，杨刚，张金平，等. 亚熔盐法产出新铬渣的资源化研究——新铬渣的氯化铵浸出[J]. 湿法冶金，2012，31（5）：323-326.

第4章　铬铁矿还原焙烧预处理研究

4.1　还原焙烧工艺

还原焙烧法目前主要用于处理难选的铁、锰、镍、铜等矿物原料，使目的矿物转变为易于用物理选矿法富集或易于浸出的形态。该过程即在一定温度和还原气氛下矿物原料中的金属氧化物转变为相应的低价金属氧化物或金属的过程。绝大多数氧化物通过采用相应的还原剂将其还原，常用还原剂可按形态分为固体还原剂、气体还原剂和液体还原剂。目前，研究主要集中在具有不同矿物学结构的低品位矿石（尤其是铁矿石）资源的还原焙烧行为，且大多为基于实验室规模的实验。

4.1.1　还原焙烧过程及其反应机理

还原焙烧工艺是从低品位矿石中回收有价金属元素的方法。基于钢铁企业日益增长的需求，还原焙烧工艺广泛应用于铁矿石中铁的回收。本节以铁矿石在竖炉中的还原为例说明还原焙烧的主要过程及反应原理。

铁矿石的整个焙烧过程由加热、还原和冷却三个环节组成。矿石经给矿漏斗到上部预热带，在预热带预热至一定温度，靠自重下落进入还原带。在还原带内，矿石与下部进入的还原煤气接触而被还原。还原后从炉内由排矿辊卸出，在水中冷却后送选矿工序处理。这三个环节互相联系、互相影响。其中，还原是关键，加热是必要条件，冷却是为了保持还原效果。

还原过程是一个多相反应过程，即固相（铁矿石）和气相（还原气体中的 CO）发生反应。另外，还原过程主要是以气体为基础的，还原剂中的碳与 CO_2 反应生成 CO。在这个过程中，矿石物料的分散性增加，矿物颗粒之间的结合力被削弱，从而使氧化铁颗粒在还原气氛下还原到较低的价态。还原焙烧的步骤如反应（4-1）～反应（4-3）所示，其过程可以分为三个阶段：①由于还原气体的对流或分子扩散作用，还原气体分子吸附于矿石表面，此为扩散和吸附阶段；②被吸附的还原气体分子与矿石中氧原子相互作用，进行还原反应；③反应生成的气体产物脱离矿石表面，沿相反方向扩散到气相中。在这一系列反应中，CO 的形成和从气相转移到颗粒和吸附界面是至关重要的。

$$C + O_2 \xrightarrow{\hspace{1cm}} CO_2 \qquad\qquad (4\text{-}1)$$

$$CO_2 + C \xrightarrow{\hspace{1cm}} 2CO \qquad\qquad (4\text{-}2)$$

$$3Fe_2O_3 + CO \xrightarrow{\hspace{1cm}} 2Fe_3O_4 + CO_2 \qquad\qquad (4\text{-}3)$$

4.1.2　铬铁矿还原焙烧研究现状

在我国已探明开采的铬铁矿中，低 $m(Cr)/m(Fe)$ 矿石占据相当大一部分，这类矿石铁含量高，工业利用价值低。研究表明，Cr_2O_3 质量分数高于 40% 且 $m(Cr)/m(Fe)$ 高于 1.8 的铬铁矿适合冶炼工艺[1]。因此，有时需要在冶炼前进行预处理以提高其 $m(Cr)/m(Fe)$，实现铬铁矿资源的高效利用[2]。物理选矿方法是分离铬铁矿与伴生脉石的常规方法[3, 4]，但这些方法无法破坏尖晶石结构，对尖晶石相内部 $m(Cr)/m(Fe)$ 的影响不大，并且会造成 Cr_2O_3 在硅酸盐内重新分配[5]，导致严重的铬损失[6, 7]。此外，由于尖晶石具有较强的热稳定性和耐酸碱腐蚀能力，在铬盐生产过程中需要消耗大量的酸碱试剂，并需要引入氧化剂。一方面使生产成本难以有效降低，另一方面对设备提出了较高要求。

有研究者提出碳热氯化可提高铬铁矿 $m(Cr)/m(Fe)$、破坏尖晶石结构，并据此发表多篇论文和专利[8, 9]。研究表明，在 670℃下，铬铁矿中约 2/3 的铁元素可以在 1h 内转化为气态氯化物并与铬铁矿分离[10]，且在碳热氯化过程中氯化钠能够有效降低氯化反应的表观活化能，促进反应进行[11]。然而，由氯气和氯化物带来的设备腐蚀和有毒气体排放等问题尚未得到有效的解决，限制了该工艺的发展与推广。

还原焙烧工艺是一种高效处理铬铁矿的方法，它将矿粉通过配碳、球团、烧结等工序送入电炉进行直接冶炼，是目前生产铬铁和不锈钢等产品的重要工艺[12]。在整个冶炼反应过程中，含铬和铁的尖晶石结构被破坏，使其还原为金属态并脱离矿石基体，与矿石中的镁、铝、硅等元素分离。但将还原焙烧工艺作为铬铁矿粉的预处理工艺，通过控制还原条件选择性还原铬铁矿粉中的铁，进而提高矿石 $m(Cr)/m(Fe)$、破坏尖晶石结构的研究并不多见。Li 等[13]曾报道在微波环境下的铬铁矿还原焙烧实验，矿石中的部分铁能够被还原为金属态，而铬仍留在铬铁矿中，$m(Cr)/m(Fe)$ 由初始的 1.4～1.6 提高到 2.6～3.2，证明了铬铁矿选择性还原铁的可行性。以还原焙烧工艺为基础，探索一种从铬铁矿中选择性还原铁元素的方法，对于实现矿石中铬元素的富集、尖晶石结构及稳定性的改变具有重要的意义。

对于铬铁矿还原焙烧机理的探索一直以来都是研究者关注的重点[14, 15]，虽然不同研究者由于选料和实验条件的不同而得到略有差异的结果，但大家普遍认为铬铁矿还原焙烧过程符合未反应核模型，且第一阶段受界面化学反应控制，第二阶段受扩散控制。其还原机理概述如下。

在第一阶段，铬铁矿表层最先接触还原剂而首先被还原，Fe^{3+} 和 Fe^{2+} 较 Cr^{3+} 更容易结合电子，因此 Fe^{3+} 被还原为 Fe^{2+}，Fe^{2+} 被还原为 Fe，少部分 Cr^{3+} 随后被还原为 Cr^{2+}。此阶段受界面化学反应控制。

在第二阶段，随着反应的进行，未反应核逐渐缩小，外部产物层增厚，总体体积变化不大。在还原反应进行较慢时，外层 Fe^{2+} 和 Cr^{2+} 浓度较内层高，这种浓度差成为扩散的驱动力，使得 Fe^{2+} 和 Cr^{2+} 向核心移动，并能够作为电子载体还原内部 Fe^{3+} 和 Cr^{3+}[16]；在还原反应进行较快时，外层 Fe^{2+} 和 Cr^{2+} 尚未向内层扩散就已经被还原为金属态，此时内层 Fe^{2+}、Fe^{3+} 和 Cr^{3+} 向外扩散。为了保持电荷平衡，外层 Mg^{2+} 和 Al^{3+} 会向内层扩散[17]。此阶段符合金斯林（Ginstling）公式，产物层中的粒子扩散成为速控步骤。

根据反应条件的不同，中间会出现或长或短的过渡阶段，此阶段中两种机理相互协同控制，并且由界面化学反应控制向扩散控制转变。另外，除阳离子扩散速控理论外，也有研究认为 O^{2-} 是真正决定扩散速率的粒子[18]。

此外，微波辅助碳热还原也是一种富集低品位矿石的工艺。微波能量来自频率为 $0.3 \sim 300GHz$ 的非电离电磁辐射，工业应用中常用的频率为 $2.45GHz$。不同于传统的加热方式，微波能量能深入矿石内部，提供非接触和快速的材料选择性加热[19]。Kashimura 等[20]利用微波能量对磁铁矿进行碳热还原，可迅速加热粉末的中心。因此，对于低品位亚铁铬铁矿，研究者探索使用常规加热源和微波加热源焙烧铬铁矿，从而实现铬铁矿中富铁脉石分离。研究发现，低品位亚铁铬铁矿可以通过还原焙烧提质：在 $800℃$ 进行碳热还原 $60min$，使得从进料 $m(Cr)/m(Fe)$ 为 1.01 的铬铁矿中回收 61.2% 的 Cr_2O_3，$m(Cr)/m(Fe)$ 提高到 1.93；在微波辐射下，$m(Cr)/m(Fe)$ 提升至 1.81，Cr_2O_3 浸出率为 22%。在微波辐射下获得的最佳结果是微波功率为 $900W$、暴露时间为 $7.5min$、还原剂用量为 10%。

4.1.3　铬铁矿还原焙烧的影响因素

1. 还原温度

由于铬铁矿中尖晶石相稳定性较强，实际操作过程中还原反应的发生温度往往较理论计算值高。还原过程中富铁尖晶石相还原反应的发生总是优先于富铬尖晶石相。其他条件相同时，反应温度越高，反应速率越快[21]。但对于选择性还原铬铁矿中的铁元素，反应温度并不是越高越好。薛正良等[22]指出，反应温度过高，富铬尖晶石相会快速还原，导致铬损失增大，铬元素与铁元素的分离效果下降。

2. 还原时间

铬铁矿在还原初期反应进行较快，还原率和金属化率会在短时间内大幅提升。随着反应的持续进行，还原率和金属化率会进一步提高，并在反应后期逐渐趋于平稳，但反应速率会随着时间的延长而开始降低。反应速率降低的主要原因如下。

（1）随着反应的进行，产物层开始在矿石颗粒和球团表面形成，并逐渐增厚，阻碍物料与还原剂的接触，影响了传质效果。

（2）随着矿石颗粒未反应核的收缩，与还原剂接触的界面会不断缩小，能够发生反应的质点逐渐减少。

（3）反应前期主要是铁氧化物的还原，所需能量较低，反应速率较大；随着铁氧化物的不断消耗，铬氧化物的还原反应成为主导，铬氧化物的还原速率较铁氧化物的还原速率慢得多，因此延滞了表观反应速率。

当然时间过长对于还原反应也没有太大意义，反应趋于平稳时即可终止反应，否则不仅导致生产周期延长、气体利用率降低[23]，也会造成大量的能源浪费和环境污染。

3. 还原剂

在铬铁矿还原焙烧工艺中，固体碳、气体 CO 和 H_2 均可作为还原剂。综合考虑气氛控制、还原效果和安全系数等因素，固体碳常充当铬铁矿还原焙烧过程中的还原剂。由于还原过程伴随副反应，配碳量实际值往往略高于理论计算值，以保证主体还原反应能够彻底进行[24]。Chakraborty 等[25]指出，对于固体碳还原剂，焦化程度与各组分含量是影响还原效果的重要因素。焦化程度高的还原剂还原效果好，但是价格较高。挥发分对反应的进行有促进作用[26]，它能够改变还原过程的动力学条件，增大反应面积，加快反应进行；挥发分高的还原剂所含非反应物质较多，会增加还原剂加入量，阻碍反应物的有效接触，并在反应后留下大量残渣，给后续处理带来困难。

4. 气体流速

为确保铬铁矿中还原出的金属不被空气再次氧化，反应器内往往要保证非氧化性气氛。惰性气体流速过高会导致温降，带入杂质，稀释反应气，降低 CO 和 CO_2 的分压，增大气体扩散的困难程度，并影响反应气的利用率[27]。Yastreboff 等[28]指出，由于扩散系数存在差异，氢气气氛要比氩气气氛更有利于还原反应的进行。对于反应气，高流速能够使反应器内气体更新加快，但对反应的最终还原率影响并不大[29]，并且流速的促进作用有最大值，过高流速只会造成浪费[11]。

5. 矿粉粒度与球团尺寸

章奉山等[30]研究发现,在铬铁矿还原焙烧过程中,反应速率会随着反应物尺寸的减小而逐渐增大,并且同等时间下的还原率有相同的趋势。这主要是由于颗粒和球团的尺寸越小,矿粉与还原剂接触的面积越大,反应激发点越多,反应进行得就越快越彻底。但是颗粒过小会给破碎和研磨造成负担,甚至会降低还原率。

除以上提到的影响因素外,还可以通过加入添加剂的方式提升球团孔隙度、改善传质,以促进铬铁矿还原焙烧。

铬铁矿还原焙烧工艺在冶金领域应用广泛,是生产铬铁和含铬合金的主要方法。此工艺将铬铁矿粉与碳质还原剂进行混合,在1000℃以上的高温炉中进行碳热还原反应,从而使稳定的尖晶石结构完全破坏。本章在传统还原焙烧工艺的基础上,以热力学计算为指导,对不同焙烧条件的还原产物进行综合分析,探索铁氧化物选择性还原和铬元素富集的可能。此外,本章还重点分析预处理工艺对于铬铁矿中尖晶石结构转变行为的影响规律。

4.2 热力学分析

传统的还原焙烧工艺是将铬铁矿的尖晶石结构彻底破坏,令所有金属元素在高温炉中还原为金属态。为确定各类尖晶石结构在还原焙烧过程中的稳定性,进行如下热力学分析。由于存在布多尔(Boudouard)反应,铬铁矿的还原焙烧往往受固体碳和气体 CO 的共同作用,通过数据查阅[31]和计算整理,得出相关反应的热力学参数,见表 4.1 和表 4.2,并绘制了 $\Delta G^\ominus$-T 关系图,如图 4.1 和图 4.2 所示。其中,$MgO \cdot Al_2O_3$ 在 2000℃以下不与固体碳和气体 CO 发生还原反应,是铬铁矿中最稳定的尖晶石结构。

表 4.1 固体碳还原铬铁矿相关反应及其热力学参数

编号	反应	$\Delta G^\ominus = a+bT$		$T_{\Delta G^\ominus=0}\big|_0^{2000}$ /K
		a/(J/mol)	b/(J/(mol·K))	
1	$FeO \cdot Cr_2O_3 + C = Fe + Cr_2O_3 + CO\uparrow$	163755	−138.5	1182
2	$FeO \cdot Al_2O_3 + C = Fe + Al_2O_3 + CO\uparrow$	168228	−151.7	1109
3	$MgO \cdot Fe_2O_3 + C = MgO + 2FeO + CO\uparrow$	207910	−241.2	880
4	$Fe_2O_3 + 1/3C = 2/3Fe_3O_4 + 1/3CO\uparrow$	45913	−74.7	614
5	$Fe_3O_4 + C = 3FeO + CO\uparrow$	200560	−212.6	943

续表

编号	反应	$\Delta G^{\ominus} = a+bT$		$T_{\Delta G^{\ominus}=0}\big|_0^{2000}$ /K
		a/(J/mol)	b/(J/(mol·K))	
6	$FeO + C = Fe + CO\uparrow$	147900	−150.2	985
7	$Fe_2O_3 + 11/3C = 2/3Fe_3C + 3CO\uparrow$	491600	−522.8	940
8	$Fe_3O_4 + 5C = Fe_3C + 4CO\uparrow$	669910	−671.0	998
9	$FeO + 4/3C = 1/3Fe_3C + CO\uparrow$	158723	−157.3	1009
10	$Fe + 1/3C = 1/3Fe_3C$	7432	−5.9	1260
11	$MgO \cdot Cr_2O_3 + 3C = 2Cr + MgO + 3CO\uparrow$	815023	−497.2	1639
12	$Cr_2O_3 + 1/3C = 2/3Cr_3O_4 + 1/3CO\uparrow$	169400	−100.1	1693
13	$Cr_3O_4 + C = 3CrO + CO\uparrow$	240840	−160.9	1497
14	$CrO + C = Cr + CO\uparrow$	222520	−151.5	1469
15	$Cr_2O_3 + 13/3C = 2/3Cr_3C_2 + 3CO\uparrow$	718035	−521.1	1378
16	$Cr_2O_3 + 27/7C = 2/7Cr_7C_3 + 3CO\uparrow$	723432	−515.3	1404
17	$Cr_2O_3 + 81/23C = 2/23Cr_{23}C_6 + 3CO\uparrow$	741553	−512.5	1452
18	$C + CO_2 = 2CO$	170880	−174.2	980

表 4.2 CO 还原铬铁矿相关反应及其热力学参数

编号	反应	$\Delta G^{\ominus} = a+bT$		$T_{\Delta G^{\ominus}=0}\big|_0^{2000}$ /K
		a/(J/mol)	b/(J/(mol·K))	
19	$FeO \cdot Cr_2O_3 + CO = Fe + Cr_2O_3 + CO_2$	54445	5.1	—
20	$FeO \cdot Al_2O_3 + CO = Fe + Al_2O_3 + CO_2$	−2652	22.5	—
21	$MgO \cdot Fe_2O_3 + CO = MgO + 2FeO + CO_2$	37030	−66.9	553
22	$Fe_2O_3 + 1/3CO = 2/3Fe_3O_4 + 1/3CO_2$	−35899	−52.1	—
23	$Fe_3O_4 + CO = 3FeO + CO_2$	22861	−24.9	937
24	$FeO + CO = Fe + CO_2$	−19596	22.8	857
25	$MgO \cdot Cr_2O_3 + 3CO = 2Cr + MgO + 3CO_2$	302383	25.5	—
26	$Cr_2O_3 + 1/3CO = 2/3Cr_3O_4 + 1/3CO_2$	82604	−26.5	—
27	$Cr_3O_4 + CO = 3CrO + CO_2$	304889	−107.2	—
28	$CrO + CO = Cr + CO_2$	−10086	55.3	—

由表 4.1、表 4.2、图 4.1 和图 4.2 可知,铬铁矿还原焙烧过程中,各物相的稳定性顺序为 $MgO \cdot Al_2O_3 > MgO \cdot Cr_2O_3 > FeO \cdot Cr_2O_3 > FeO \cdot Al_2O_3 > MgO \cdot Fe_2O_3$。高

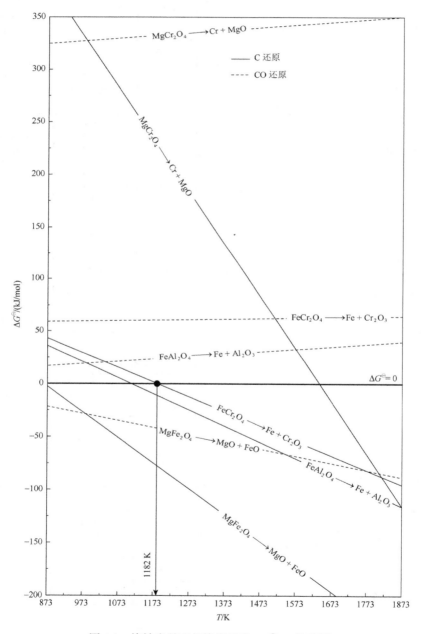

图 4.1 铬铁尖晶石相焙烧反应 $\Delta G^{\ominus}$-T 关系图

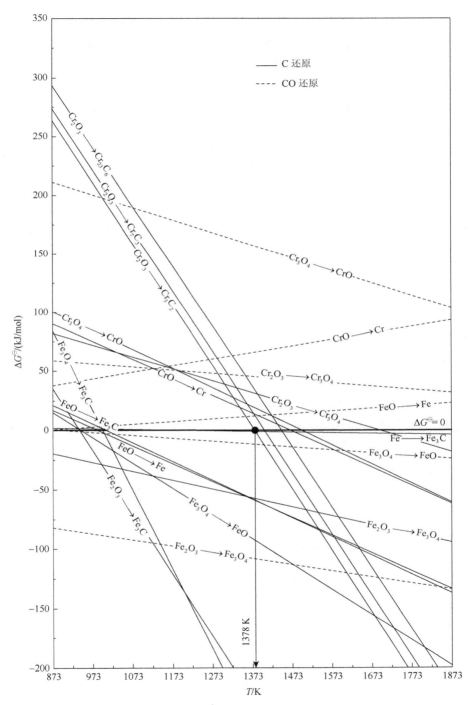

图 4.2　铬铁矿还原所得氧化物和金属相焙烧反应 $\Delta G^{\ominus}$ -T 关系图

温有利于尖晶石结构的破坏，在 600℃ 左右 $MgO \cdot Fe_2O_3$ 即可发生还原反应，当温度升至 1400℃ 时除 $MgO \cdot Al_2O_3$ 外其他尖晶石相均可分解。经分析还可发现，铬铁矿中含铁物相稳定性较含铬物相低，909℃ 时可出现金属铁，但温度需达到 1105℃ 才会出现金属铬，并以碳化物的形式存在。理论分析表明，还原过程中富铁尖晶石相还原反应的发生总是优先于富铬尖晶石相。对于这一现象，研究者普遍认为铬铁矿还原焙烧过程符合未反应核模型。

　　因此，从热力学角度讲，对于尖晶石纯物质，通过控制还原焙烧温度，存在选择性破坏含铁尖晶石相、分离其中铁元素的可能。此种预处理方式一方面能够起到铬铁预分离的效果，提高铬铁矿的 $m(Cr)/m(Fe)$，实现铬铁矿资源的综合利用；另一方面实现铬铁矿中铬元素适度富集。温度是还原焙烧工艺的关键参数，反应温度越高，反应速率越快[21]。但对于选择性还原铬铁矿中铁元素，反应温度并不是越高越好。

4.3　实　验　方　法

4.3.1　实验原料

　　南非是铬铁矿资源储备第一大国，也是中国最大的铬铁矿进口国，因此本实验选取南非铬铁矿为原料，其成分见表 4.3。通过对表中相关数据进行计算可以得出 $\sum FeO$ 质量分数 $= 23.91\%$，$m(Cr_2O_3)/m(\sum FeO) = 1.9$，$m(Cr)/m(\sum Fe) = 1.7$，属于化工级铬铁矿。对实验用铬铁矿进行 XRD 和扫描电镜-能谱（scanning electric microscope-energy dispersive spectroscopy，SEM-EDS）分析，所得结果如图 4.3 和图 4.4 所示。由图 4.3 和图 4.4 可知，铬铁矿的主要物相为 $(Mg,Fe)(Cr,Al,Fe)_2O_4$ 类质同象尖晶石相和镁硅酸盐相。

表 4.3　南非铬铁矿成分（以质量分数计，单位：%）

成分	含量	成分	含量
FeO	18.69	Al_2O_3	13.25
Fe_2O_3	5.22	MgO	8.87
Cr_2O_3	45.18	其他	2.00
SiO_2	6.79		

　　矿石中的非尖晶石组分忽略不计，可根据各成分含量计算出铬铁矿中尖晶石结

构的化学式以及其空间特征，见表 4.4。通过对矿石中各物质分子数、分子总数和百分数折算，得出本章用南非铬铁矿的化学式为 $(Mg_{0.48}Fe^{2+}_{0.52})(Cr_{0.638}Al_{0.285}Fe^{3+}_{0.077})_2O_4$，并且尖晶石结构中的三价金属氧化物与二价金属氧化物的物质的量之比（$n_{M_2O_3}:n_{MO}$）为 0.95，趋近 1，证明此类矿石晶格缺陷较少，晶体稳定性较高。本章所用的碳质还原剂为潞安煤粉，其成分见表 4.5。

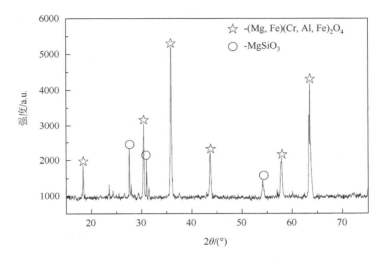

图 4.3　南非铬铁矿 XRD 谱图

图 4.4　南非铬铁矿的 SEM 图像

表 4.4　　南非铬铁矿各成分含量（分子比例分析）

成分	质量分数/%	分子数	分子总数	百分数/%
Al_2O_3	13.25	0.130		28.3
Cr_2O_3	45.18	0.297	0.459	64.7
Fe_2O_3	5.22	0.032		7.0
FeO	18.69	0.259	0.481	53.8
MgO	8.87	0.222		46.2

表 4.5　　潞安煤粉成分（以质量分数计，单位：%）

成分	含量	成分	含量
固定碳	71.06	灰分	10.17
挥发分	11.17	水分	7.60

4.3.2　实验步骤

矿粉和煤粉经细磨、分筛，得到粒径小于 74μm 的物料。将 10g 矿粉和 2.5g 煤粉在行星球磨机内均匀混合，然后放入带盖的石墨坩埚中，并在混粉的底部和表面各铺少许定量煤粉以保证坩埚中的还原气氛。将坩埚置于马弗炉中，在不同温度和保温时间下进行铬铁矿的还原焙烧实验。产物经淬冷后烘干并进行 SEM-EDS、XRD 和比表面积测试（Brunauer, Emmett and Teller，BET）分析，以确定其形貌、物相和比表面积变化。还原焙烧实验装置如图 4.5 所示。为选择性提取还原得到的金属铁，用质量分数为 20%的盐酸对焙烧后的铬铁矿粉进行 30min 的常温常压浸出。依据国家标准进行化学分析并结合电感耦合等离子体-发射光谱（inductively coupled plasma-optical emission spectroscopy，ICP-OES）检测，确定溶液中铁离子与铬离子浓度。除铁率和铬损失率分别表示为溶液中铁离子与

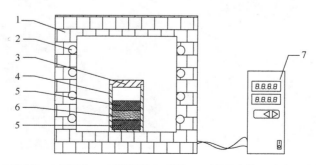

1-耐火砖；2-发热体；3-石墨盖；4-石墨坩埚；5-煤粉；6-矿煤混合粉；7-智能可编程调节器

图 4.5　还原焙烧实验装置图

铬离子的质量占矿石原料中各自总质量的百分数。过滤分离浸出液得到富铬铬铁矿精粉与富铁浸出液，向浸出液中滴加体积分数为 25%的氨水并控制溶液 pH 为 8～10，可将铁元素以磁铁矿副产物的形式回收。

通过热力学分析可知，铬铁矿还原得到金属铁的热力学温度为 909℃，金属铬的生成温度为 1105℃。为探讨选择性还原铬铁矿中铁元素的可能，将焙烧温度分别设定为 950℃、1050℃、1100℃和 1150℃，还原时间分别设定为 20min、40min、60min、80min、100min、120min 和 180min。

4.4 铬铁矿的还原焙烧行为

4.4.1 焙烧温度的影响

由于铬铁矿中尖晶石相稳定性较强，实际操作过程中还原反应的发生温度往往较理论计算值高。图 4.6 为铬铁矿经不同温度下焙烧 120min 后所得产物的 SEM 图像。从图 4.6 中可以看出，当焙烧温度为 950℃时，矿石颗粒表面存在明暗不同的两相，但两相界面并不清晰。当焙烧温度为 1050℃时，明亮物相与相对较暗物相已能够明显分辨，且较 950℃时体积有所增大。当焙烧温度升至 1150℃时，明亮物相由球状发展为棒条状。通过 EDS 检测可知，明亮物相为还原析出相，其主要成分为金属铁、金属铬和少量的碳，较暗物相为铬铁矿基体相。不考虑各析出相中的碳元素，排除相分离尚不充分的 950℃还原产物，可将其他试样析出相中铁和铬的比例关系绘制为图 4.7。由图 4.7 可知，当焙烧温度为 1050℃和 1100℃时，析出相中主要成分为铁元素；当焙烧温度升至 1150℃时，铬元素成为析出相的主体元素。由此可以得出，当焙烧温度为 950～1100℃时，主要发生了铬铁矿中铁的还原反应，铬仍大部分存在于矿石基体中；当焙烧温度达到 1150℃时，大量的铬被还原为金属态并进入析出相，证明在此温度下部分矿石中的铬大量参与还原反应。实验所得结论与热力学分析结果一致。

(a) 950℃　　　　　　　　　　　　　(b) 1050℃

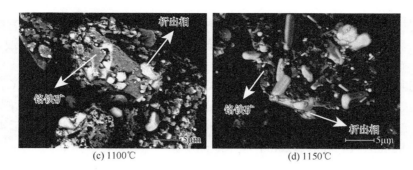

图 4.6 铬铁矿经不同温度下焙烧 120min 后所得产物的 SEM 图像

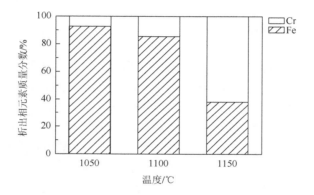

图 4.7 不同焙烧温度下还原 120min 后析出相金属元素组成

图 4.8 为 FactSage 软件计算得出的在 1100℃和 1150℃下 Cr-Fe-C-O 系优势区域图。当温度为 1100℃时，常压线（由"＋"组成）穿过了优势区域图中的灰色区域（Cr_2O_3＋Fe）和浅灰色区域（Cr_2O_3＋Fe_3C），这意味着从热力学角度讲，当石墨坩埚内气压为 1atm（1atm=1.01325×10^5Pa）时，Cr_2O_3 和 Fe（或 Fe_3C）可以作为还原产物共存。当温度为 1150℃时，常压线穿过了深灰色区域（Cr_3C_2＋Fe），这说明在此温度下铬会被大量还原为金属态，并以碳化物的形式存在。此时，选择性还原铬铁矿中铁元素的目标难以实现。另外，从图 4.8 中还可得出，当体系中 CO_2 分压很低时（如反应的初始阶段），Cr_3C_2 会与 Fe_3C 共存于析出相。所得结论进一步证实了前面的分析与实验结果。

图 4.9 给出了不同温度焙烧产物的 XRD 谱图以及 $MgO·Cr_2O_3$ 和 $FeO·Cr_2O_3$ 标准衍射卡片。结合前面分析可知，当温度为 1100℃时，尖晶石相衍射峰由于铁元素的还原而被削弱，同时出现了还原金属相。当温度升至 1150℃时，含铬尖晶石相参与还原反应，尖晶石结构遭到破坏，此时尖晶石相衍射峰已降低到较低水平，金属及其碳化物相成为此时产物的主要成分。值得注意的是，所有焙烧

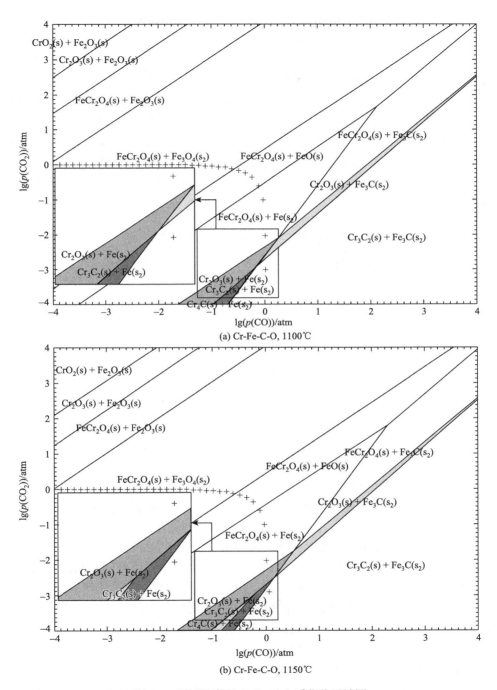

(a) Cr-Fe-C-O, 1100℃

(b) Cr-Fe-C-O, 1150℃

图 4.8　不同温度下 Cr-Fe-C-O 系优势区域图

产物中均未发现铬氧化物的衍射峰，证明在本实验条件下所得还原产物中，铬元素仍主要赋存于尖晶石相。为进一步研究 1100℃ 下类质同象尖晶石结构在还原焙烧过程中的转变行为，将其与铬铁矿和 1100℃ 还原产物的 XRD 谱图进行对比可知，铬铁矿中的尖晶石相衍射峰与 $FeO·Cr_2O_3$ 的标准衍射峰近似，随着其中铁元素还原析出，19°～20°的衍射峰不但没有降低反而有所增强，30°左右的衍射峰降低幅度较大，44°～45°的衍射峰降低幅度较小，尖晶石相衍射峰整体向 $MgO·Cr_2O_3$ 的标准衍射峰转变。由以上结果可以得出，在焙烧温度为 1100℃ 时，尖晶石相中的铁元素逐渐脱离晶格，但并未导致尖晶石结构完全破坏，而是使尖晶石相由以 $FeO·Cr_2O_3$ 为主的晶体结构逐渐转变为以 $MgO·Cr_2O_3$ 为主的晶体结构。

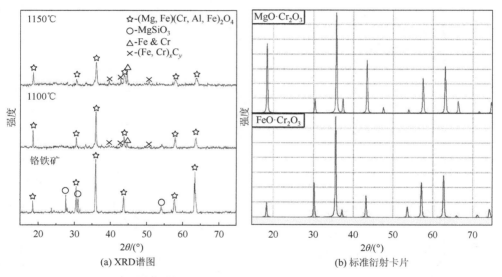

(a) XRD谱图　　　　　　　　　　(b) 标准衍射卡片

图 4.9　不同温度焙烧产物 XRD 谱图以及 $MgO·Cr_2O_3$ 和 $FeO·Cr_2O_3$ 标准衍射卡片

　　由以上分析可推测，在焙烧温度达到含铁尖晶石相还原温度时（如 1100℃），铬铁矿颗粒表层首先进行还原反应。晶格中的 Fe^{2+} 和 Fe^{3+} 结合还原剂提供的电子转变为金属态并向表面富集，内部的 Fe^{2+} 和 Fe^{3+} 由于浓度梯度的作用向外部迁移，而外部的其他金属离子为保证矿石颗粒的电荷平衡则向内部移动，使还原反应持续进行，也造成了尖晶石晶格中金属离子的重新分配。与此同时，单质碳和 CO（Boudouard 反应生成）与矿石表面富铁尖晶石结构中的骨架氧结合，形成 CO 和 CO_2 气体脱离体系，导致部分尖晶石结构被破坏。反应进行到一定程度，当浓度梯度所产生的驱动力不足以使核心处的 Fe^{2+} 和 Fe^{3+} 克服阻力继续向外扩散时，还原反应趋于停止，最终少量铁元素残留于矿石中。在此过程中，大部分铬元素并未参与还原反应，依然存在于尖晶石结构内。当焙烧温度满足富铬尖晶石相还原温度时（如本实验中的 1150℃），尖晶石结构进一步分解，铬被还原为金属态并以单质或碳化物的形式脱离基体，与铁共同形成析出相。因此，1100℃ 为本实验所得铬铁矿还原焙烧预处理的适宜温度，在此温度下能够实现铬铁矿初步除铁和铬元素适当富集。

4.4.2　焙烧时间的影响

图 4.10 为铬铁矿在 1100℃ 下还原焙烧不同时间后所得产物的 SEM 图像。由图可知，析出相在还原焙烧 20min 后即以点状形式均匀出现在矿石颗粒表面，并随着焙烧时间的延长而不断长大、聚集。经 EDS 检测得知，析出相的主体元素始终为铁元素。如图 4.11 所示，还原焙烧进行到 120min 时，除铁效果较优，继续延长焙烧时间至 180min，除铁率提升不明显。

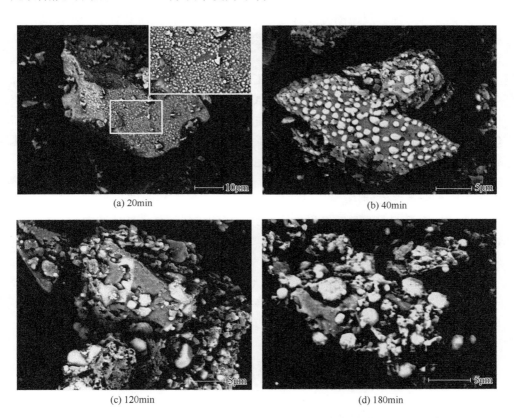

(a) 20min

(b) 40min

(c) 120min

(d) 180min

图 4.10　铬铁矿在 1100℃ 下还原焙烧不同时间后所得产物的 SEM 图像

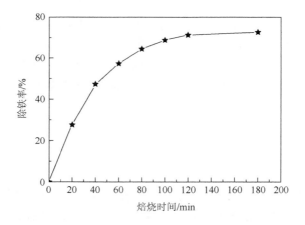

图 4.11　1100℃下焙烧时间对除铁率的影响

以上实验结果表明：在还原初期反应进行较快，还原率和金属化率会在短时间内大幅提升。随着反应的持续进行，还原率和金属化率还会有进一步提高，并在反应后期逐渐趋于平稳，但反应速率会随着时间的延长而开始减慢。反应速率降低的原因主要有以下三点。

（1）随着反应的进行，产物层开始在矿石颗粒和球团表面形成，并逐渐增厚，阻碍物料与还原剂的接触，外层 Fe^{2+} 和 Cr^{2+} 浓度较内层高，这种浓度差成为扩散的驱动力，使得 Fe^{2+} 和 Cr^{2+} 向核心移动，并能够作为电子载体还原内部 Fe^{3+} 和 Cr^{3+}[16]，影响了传质效果。此阶段符合金斯林公式，产物层中的粒子扩散成为速控步骤[17]。也有研究认为 O^{2-} 是真正决定扩散速率的粒子[18]。

（2）随着矿石颗粒未反应核的收缩，与还原剂接触的界面会不断缩小，能够发生反应的质点逐渐减少。

（3）反应前期主要是铁氧化物的还原，所需能量较低，反应速率较大，进行速率较快，随着铁氧化物的不断消耗，铬氧化物的还原反应成为主导，而铬氧化物的还原速率较铁氧化物的还原速率慢得多，因此延滞了表观反应速率。

焙烧时间过长对于还原反应没有太大意义，反应趋于平稳时即可终止反应，否则不仅导致生产周期延长、气体利用率降低[23]，也会造成大量的能源浪费和环境污染。

4.5　富铁相提取方法

还原焙烧产物中的富铁析出相可通过磁选、氯化铁溶液浸出或酸浸出等方式回收。为对比三种方法的提铁效果，取 10g 经 1100℃处理 120min 的铬铁矿还原产物进行实验。在磁选处理实验中，将物料装入行星球磨机磨罐中湿磨 1h，使析出相与矿石基体充分分离，然后在 200mT 磁场强度下进行磁选。结果表明，约有 50% 的铁元素从试样中被提取，但铬损失率也超过 10%。这主要是由于还原过程中，部分铬随铁一起转变为金属态并进入富铁磁性相，研磨加磁选的物理方法难以实现同一物相中铁与铬的深度分离。图 4.12 为不同浓度氯化铁溶液和盐酸溶液对还原产物富铁相的除铁率。由图 4.12 可知，随氯化铁质量分数由 4% 上升至 8%，除铁率大幅上升，继续提高至 10%，对除铁效果影响不再明显。在盐酸质量分数为 10%～30% 时，盐酸溶液与氯化铁溶液呈现出相似的除铁趋势，同样呈先升高后平稳的规律，在质量分数为 20% 时达到较优值，除铁率达到 71.3%，显著高于磁选与氯化铁溶液浸出处理效果。不仅如此，盐酸浸出处理的铬损失率也在三种方法中处于最低水平。这是由于析出相中的铬大量以碳化物形式存在，而铬碳化物在本实验条件下难溶于盐酸中，抑制了铬的溶解效率。

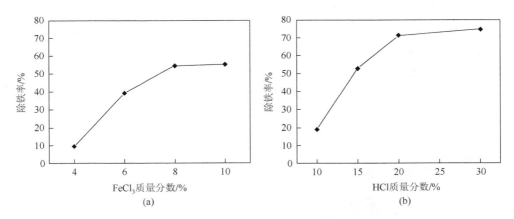

图 4.12　氯化铁溶液与盐酸溶液对还原产物富铁相的除铁率

4.6　还原焙烧产物分析

对实验中所得试样进行多点 EDS 分析，选取特征结果。图 4.13 为南非铬铁矿和其经 1100℃ 还原焙烧 2h 并经室温盐酸浸出处理后的 SEM 图像和尖晶石相 EDS 谱图。由图 4.13 中 SEM 图像可知，尖晶石相在预处理后表面出现大量孔洞，这是铁元素的析出和溶解造成的。对预处理前后的铬铁矿进行 BET 检测，发现比表面积由 $1.44m^2/g$ 升至 $7.07m^2/g$。对比还原焙烧处理前后尖晶石相 EDS 谱图可知，尖晶石相中铁元素含量大幅降低，类质同象尖晶石由富铁尖晶石结构转变为热稳定性更强的以 $MgO \cdot Al_2O_3$ 和 $MgO \cdot Cr_2O_3$ 为主的尖晶石结构。此外，研究还发现，铬元素主要赋存于尖晶石相中，少量铬以碳化物的形式残留在孔洞周围。由于在常温下铬碳化物几乎不溶于盐酸，在还原焙烧过程中析出的金属铬可经盐酸浸出处理后与金属铁分离，避免造成严重的铬损失。本实验中南非铬铁矿经预处理后，Cr_2O_3 的质量分数由 45% 提高到 52%，$m(Cr)/m(Fe)$ 由 1.7 提高至 5.8，满足了 Ⅰ 级冶炼精矿的质量要求，实现了铬元素的适度富集和铬铁矿应用领域的拓展。

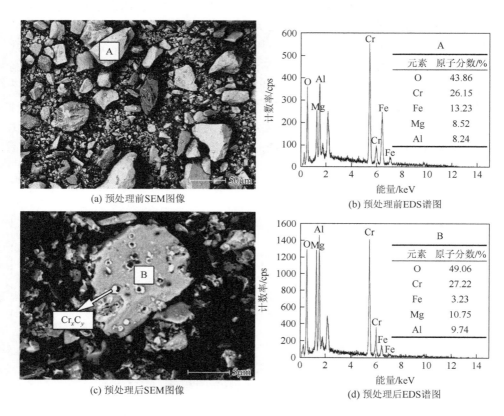

(a) 预处理前SEM图像　　　　　　　　(b) 预处理前EDS谱图

(c) 预处理后SEM图像　　　　　　　　(d) 预处理后EDS谱图

图 4.13　还原焙烧预处理前后铬铁矿的 SEM 图像和尖晶石相 EDS 谱图

　　处理后的南非铬铁矿经硫酸浸出后，铬元素浸出速率大幅提升，但酸耗量和氧化剂用量并没有明显变化。分析可知，铬铁矿经还原焙烧预处理后，矿石颗粒比表面积增大，从而使矿石的分解效率得以提高。然而，铬元素仍存在于稳定的尖晶石结构中，矿石的分解条件并没有明显改变。

4.7　本 章 小 结

　　本章通过热力学分析，绘制了铬铁矿中各物相还原焙烧 $\Delta G^{\ominus}$-T 关系图，并以其为理论指导进行了实验设计，探索选择性还原铬铁矿中的铁元素，实现矿石中铬元素适当富集、尖晶石结构稳定性降低的可能性。在本实验条件下，得到如下结论。

（1）由热力学计算可知，铬铁矿中各尖晶石在还原气氛下的热稳定性顺序为 $MgO·Al_2O_3 > MgO·Cr_2O_3 > FeO·Cr_2O_3 > FeO·Al_2O_3 > MgO·Fe_2O_3$。

（2）焙烧温度为 950～1100℃时，主要发生铬铁矿中铁的还原反应，升温或延长焙烧时间有利于反应的进行，还原产物析出后结瘤于矿石颗粒表面之上。当焙烧温度达到 1150℃时，矿石中的铬元素大量还原，成为析出相中的主体元素。相较于磁选与氯化铁溶液浸出，盐酸浸出处理是提取富铁析出相的理想方法。

（3）对铬铁矿在 1100℃下进行还原焙烧实验，除去了铬铁矿中超过 70%的铁元素，Cr_2O_3 的质量分数由 45%提高到 52%，$m(Cr)/m(Fe)$ 由 1.7 提升至 5.8，比表面积由 1.44m^2/g 升至 7.07m^2/g。在此过程中，尖晶石相由以 $FeO·Cr_2O_3$ 为主的晶体结构逐渐转变为以 $MgO·Cr_2O_3$ 为主的晶体结构。

（4）还原焙烧预处理工艺可以实现铬铁矿中铬元素的适当富集，但仍有一定量的尖晶石相未得到有效破坏。

参 考 文 献

[1]　Murthy Y R，Tripathy S K，Kumar C R. Chrome ore beneficiation challenges & opportunities—A review[J]. Minerals Engineering，2011，24（5）：375-380.

[2]　Tripathy S K，Murthy Y R. Modeling and optimization of spiral concentrator of spiral concentrator for separation of ultrafine chromite[J]. Powder Technology，2012，221：387-394.

[3]　Kapure G，Kari C，Rao M，et al. The feasibility of a slip velocity model for predicting the enrichment of chromite in a Floatex density separator[J]. International Journal of Mineral Processing，2007，82（2）：86-95.

[4]　Tripathy S K，Murthy Y R，Singh V. Characterisation and separation studies of Indian chromite beneficiation plant tailing[J]. International Journal of Mineral Processing，2013，122：47-53.

[5]　Grieco G，Pedrotti M，Moroni M. Metamorphic redistribution of Cr within chromitites and its influence on chromite ore enrichment[J]. Minerals Engineering，2011，24（2）：102-107.

[6]　Abubakre O K，Muriana R A，Nwokike P N. Characterization and beneficiation of Anka chromite ore using magnetic separation process[J]. Journal of Minerals & Materials Characterization & Engineering，2007，6（2）：143-150.

[7]　Zhu D Q，Li J，Pan J，et al. Sintering behaviours of chromite fines and the consolidation mechanism[J]. International Journal of Mineral Processing，2008，86（1-4）：58-67.

[8]　Lalancette J M，Bergeron M，Bosse F，et al. Process for obtaining chromium enriched chromite from chromite ores：AU，5806896 [P]. 1998-01-05.

[9]　Bergeron M，Richer-Laflèche M. A method for increasing the chrome to iron ratio of chromites products：US，7658894B2 [P]. 2010-02-09.

[10]　Shen S B，Bergeron M，Richer-Laflèche M. Effect of sodium chloride on the selective removal of iron from chromite by carbochlorination[J]. International Journal of Mineral Processing，2009，91（3-4）：74-80.

[11]　Shen S B，Hao X F，Yang G W. Kinetics of selective removal of iron from chromite by carbochlorination in the

presence of sodium chloride[J]. Journal of Alloys and Compounds，2009，476（1-2）：653-661.

[12]　Zhang Y P，Xue Z L，Li Z B，et al. Study on pre-reduction and smelting separation of carbon-bearing chromite pellets[J]. Iron & Steel，2005，40（6）：17-20.

[13]　Li C，Chang G H，Peng J X，et al. Selective reduction of chromite fines by microwave treatment[J]. The Chinese Journal of Nonferrous Metals，2013，23（2）：503-509.

[14]　Soykan O，Eric R H，King R P. Kinetics of the reduction of Bushveld complex chromite ore at 1416℃[J]. Metallurgical and Materials Transactions B，1991，22（6）：801-810.

[15]　亓捷. 铬铁矿还原焙烧工艺的实验研究[D]. 沈阳：东北大学，2012.

[16]　Perry K P D，Finn C W P，King R P，et al. An ionic diffusion mechanism of chromite reduction[J]. Metallurgical and Materials Transactions B，1988，19（4）：677-684.

[17]　Lekatou A，Walker R D. Mechanism of solid state reduction of chromite concentrate[J]. Ironmaking and Steelmaking，1995，22（5）：393-404.

[18]　Murti N S S，Seshadri V. Kinetics of reduction of synthetic chromite with carbon[J]. Transactions of the Iron and Steel Institute of Japan，1982，22：925-933.

[19]　Kingman S W，Rowson N A. Microwave treatment of minerals—a review[J]. Minerals Engineering，1998，11（11）：1081-1087.

[20]　Kashimura K，Sato M，Hotta M，et al. Iron production from Fe_3O_4 and graphite by applying 915MHz microwaves[J]. Materials Science and Engineering：A，2012，556：977-979.

[21]　Takano C，Zambrano A P，Nogueira A E A，et al. Chromites reduction reaction mechanisms in carbon-chromites composite agglomerates at 1773K[J]. ISIJ International，2007，47（11）：1585-1589.

[22]　薛正良，胡会军，张友平，等. 含碳铬矿团块高温还原特性研究[J]. 武汉科技大学学报，2004，27（1）：1-3.

[23]　Pang J M，Guo P M，Zhao P. Reduction of 1-3 mm iron ore by CO on fluidized bed[J]. Journal of Iron and Steel Research（International），2011，18（3）：1-5.

[24]　李建臣. 铬铁矿固态还原的基础及其强化技术研究[D]. 长沙：中南大学，2010.

[25]　Chakraborty D，Ranganathan S，Sinha S N. Investigations on the carbothermic reduction of chromite ores[J]. Metallurgical and Materials Transactions B，2005，36（4）：437-444.

[26]　Chakraborty D，Ranganathan S，Sinha S N，et al. Influence of temperature and particle size on reduction of chromite ore[C]. New Delhi：11th Innovations in Ferro Alloy Industry，2007：145-152.

[27]　Chakraborty D，Ranganathan S，Sinha S N. Carbothermic reduction of chromite ore under different flow rates of inert gas[J]. Metallurgical and Materials Transactions B，2010，41（1）：10-18.

[28]　Yastreboff M M，Ostrovski O，Ganguly S. Effect of gas composition on the carbothermic reduction of manganese oxide[J]. ISIJ International，2003，43（2）：161-165.

[29]　Xiao Y，Schuffeneger C，Reuter M，et al. Solid state reduction of chromite with CO[C]. Capetown：Tenth International Ferroalloys Congress，2004：26-35.

[30]　章奉山，倪红卫. 铬矿直接还原合金化冶炼不锈钢的研究[J]. 特殊钢，2001，22（3）：5-8.

[31]　梁英教，车荫昌. 无机物热力学数据手册[M]. 沈阳：东北大学出版社，1993.

第5章　铬铁矿硫酸浸出研究

5.1　铬铁矿酸溶浸出工艺概述

酸溶浸出工艺是利用硫酸等酸性溶液酸解铬铁矿，破坏尖晶石结构，然后经后续的除杂分离工序制备三价铬盐产品[1]。铬铁矿酸溶浸出工艺自提出以来，以其工艺流程短、资源利用率高、反应条件温和且无 Cr^{6+} 污染而得到越来越多科研工作者的关注[2]。

5.1.1　铬铁矿酸溶浸出剂

1. 硫酸

铬铁矿硫酸浸出过程中，H^+ 攻击铬铁矿晶格，使金属离子进入溶液中，形成溶于硫酸和水的硫酸铁和硫酸镁等产物。硫酸浸出铬铁矿发生的主要反应如反应（5-1）所示。然而，由于铬铁尖晶石的结构要复杂得多，不能够精确计算反应所需水分子和硫酸的量。大量铬铁矿硫酸浸出实验得出的适宜条件如下：浸出温度为 140～210℃，浸出时间为 2～6h，硫酸质量分数为 70%～90%。研究结果表明，土耳其铬铁精矿（成分主要包括$(Mg,Fe)(Cr,Al)_2O_4$、$Fe(Cr,Al)_2O_4$ 以及一些 $MgO \cdot Al_2O_3 \cdot SiO_2$）在质量分数为 70%的硫酸中浸出 2h，浸出温度为 175℃，获得最大的铬浸出率为 58%[3]。浸出率相对较低的原因可能是硫酸对铬铁矿晶格的侵蚀不足以完全破坏稳定的尖晶石结构。此外，硫酸的氧化电位不够高，难以将 Cr^{3+} 氧化到较高的价态。因此，铬在浸出过程中保持为 Cr^{3+}。

$$Cr_2O_3 \cdot FeO + 4H_2SO_4 =\!=\!= Cr_2(SO_4)_3 + FeSO_4 + 4H_2O \qquad （5\text{-}1）$$

2. 硫酸-高氯酸

由于仅使用硫酸的浸出率低，研究者在硫酸溶液中添加了氧化性高氯酸。研究结果表明，当有高氯酸存在时，铬浸出率明显提高。与硫酸浸出同等条件下（浸出温度为 175℃，浸出时间为 2h，硫酸质量分数为 70%），铬浸出率可由 58%提高到 83%。高氯酸提高了反应的速度和程度，这可能是由于高氯酸在酸性介质中具有较高的氧化电位，铬铁矿中部分 Cr^{3+} 氧化到较高的价态，促进了铬铁矿的分解[4]。高氯酸与铬铁矿在硫酸溶液中的反应机理还有待进一步研究。

3. 硫酸-氧化剂

考虑到氧化性酸的加入造成 Cr^{6+} 生成、酸回收困难，以及设备腐蚀等问题，许多研究者致力于在氧化剂作用下的硫酸浸出工艺探索。研究表明，在适宜的氧化浸出条件下：巴基斯坦铬铁矿粒度为 74μm，铬铁矿与硫酸质量比为 1∶3，硫酸质量分数为 80%，氧化剂为铬酸酐，浸出温度为 160℃，浸出时间为 60min，铬铁矿中铬浸出率超过 90%[5]。氧化剂的加入促进铬铁矿溶解的原因是铁锰尖晶石四面体位的 Fe^{2+} 被铬酸酐氧化。由于 Fe^{3+} 的向外转移，四面体位置塌陷。同时，腐蚀在垂直方向上进一步发展，分解了铁尖晶石中的八面体位置，铁尖晶石结构完全坍塌直至溶解。

5.1.2　铬铁矿浸出行为

研究者对硫酸浸出铬铁矿的动力学行为进行了系统的研究，并认为铬铁矿的硫酸浸出行为可能分为以下步骤[6]。

（1）铬铁矿在固体反应区分解。

（2）金属离子和 O^{2-} 从反应区通过铬铁矿/液相边界扩散到本体液体。

（3）无水或低化学计量比的水合硫酸盐水热沉淀，形成被动固体硫酸盐层。

（4）硫酸盐溶解。

（5）硫酸盐通过液体边界层输送到本体液体。

研究者认为浸出速率是由表面反应控制的。在强酸条件和高浸出温度下，颗粒表面铬铁矿分解的驱动力较高，浸出率随浸出剂浓度的增加而增加。浸出速率主要取决于浸出试剂的初始浓度。试剂的初始浓度越高，浸出速率越大。随着浸出过程的进行，浸出试剂逐渐被消耗，浸出速率也逐渐降低；浸出终了时，常要求保持一定的试剂剩余浓度。因此，浸出时浸出试剂的用量主要取决于浸出试剂的消耗量、剩余浓度和浸出矿浆液固比等因素。然而，在较高的硫酸浓度下，铬浸出率趋于下降，这很可能是硫酸在较高的浓度下反应活性下降的结果。

另外，扩散系数与温度呈线性关系，化学反应速率常数与温度呈指数关系。在低温区，化学反应速率远低于扩散速率；在高温区，化学反应速率则高于扩散速率。因此，在可能的条件下，应采用沸点较高的溶剂作为浸出试剂。铬浸出率是温度的函数，随着温度的升高（从 140℃升高至 175℃），铬浸出率增加（从 10% 增加到 47%）。然而，温度进一步提高，铬浸出率几乎保持不变。

当其他条件相同时，浸出率一般随浸出时间的增加而增加。除了改变浸出工艺参数，高氧化电位的酸性溶液更易于酸解铬铁矿，这可能是由于 Cr^{3+} 和 Fe^{2+} 在尖晶石相中具有还原性。氧化剂/氧化性酸（高氯酸）使得 Cr^{3+} 氧化到较高的价态。虽然氧化性酸的加入实现了铬的最大浸出率，但会造成硫酸铬沉淀的产生，如果能采取某种措施避免这种沉淀，可以进一步提高铬浸出率。

5.1.3　强化铬铁矿浸出途径

1. 机械活化

机械活化是通过机械力的作用对铬铁矿进行物理研磨，使其吸收部分机械能，能够增强其反应活性并增加晶格缺陷，使矿物粒径减小，同时大大降低对浸出温度和液剂消耗量的依赖性，强化浸出效果[2]。机械活化对于铬铁矿酸浸工艺的强化至关重要。近年来的许多研究探索了机械活化方式、时间等对矿物浸出效果的影响，并进行了动力学和活化机理分析，均体现出机械活化良好的强化效果，矿物浸出率得到明显提高，而且对实验条件的依赖性大大降低。这为机械活化对铬铁矿酸浸工艺的强化奠定了基础。

使用机械活化预处理强化铬铁矿浸出，利用机械能致其内部晶格变化，铬浸出率明显提高，同时对温度和酸浓度及用量的依赖性降低，浸出时间显著缩短，经济性更好。但是，单一运用机械活化强化浸出过程无法显著改变铬铁矿自身的性质，仍难达到最佳的浸出效果。同时，机械活化预处理需要增加相关设备，工序加长，成本提高。因此，合理控制机械活化的时间，结合酸浸反应过程中的强化手段，可以提高机械活化对于铬铁矿酸浸的强化效果。

2. 微波加热强化

微波加热是以电磁波的形式将电能输送给被加热物质，并使电能转变为热能，其与物质的作用表现为热效应、化学效应、极化效应和磁效应。相比于传统加热，微波加热更均匀，而且升温迅速、控温精准，可进行选择性加热。鉴于这些优势，近年来研究者对微波在矿物的碳热还原、预处理及浸出等冶金工业中的应用研究越来越多，均显示出微波加热在矿物浸出过程强化方面具有低能耗、高效率的优异特点。

基于微波本身优异的加热特性及铬铁矿在微波场中较好的电磁特性，微波加热对铬铁矿预处理强化效果显著，但是微波设备成本高而且装置规模有限，目前基本只适用于实验室研究，因此选择联用其他强化方式可以作为未来微波预处理强化铬铁矿酸浸过程的较优选择。考虑到微波本身的加热性质及简化工序，未来微波加热在铬铁矿酸浸过程中的强化研究还可过渡到反应过程中作为热源替代传统加热的方向。

综上所述，硫酸浸出铬铁矿工艺是良好的回收铬资源的一种方法，但仍存在着元素分离困难、酸回收成本高的问题。近年来，研究者致力于铬铁矿酸浸过程强化，通过机械活化处理、氧化剂加入以及微波加热等辅助强化方法，铬铁矿能够高效、快速浸出。随着硫酸浸出工艺的不断探索，明确铬铁矿中尖晶石相元素的浸出与释放机理显得尤为重要。铬铁矿酸浸过程的基础研究将对铬盐与铬合金的制备和应用有很大的引导作用。

5.2 热力学分析

铬铁矿属于典型的类质同象尖晶石结构，铬、铁、铝、镁四种金属同时存在于尖晶石晶格中。为确定铬铁矿酸溶浸出的条件范围，利用电位-pH 图对铬铁矿在酸性体系中的浸出行为进行热力学分析。通过相关研究得知，在 150～170℃进行浸出，铬浸出率超过 90%[7]。因此，本章利用 FactSage 软件进行热力学计算，综合分析此温度区间内各类含铬尖晶石相在硫酸体系中的赋存状态，并绘制在 160℃条件下 Mg-Fe-Cr-H_2O 系和 Mg-Al-Cr-H_2O 系电位-pH 图，如图 5.1 所示。当电位为负值时，溶液会向铬铁矿提供电子；当电位为正值时，铬铁矿中的 Cr^{3+} 和 Fe^{2+} 可将电子转移到溶液体系中。从图 5.1 中可以看出，存在含铬尖晶石相分解且铬元素以 Cr^{3+} 向溶液释放的稳定区域。但即便在 160℃，尖晶石相在弱酸性体系中仍有较强的稳定性。因此，要破坏含铬尖晶石结构，使 Cr^{3+} 从矿石中释放，需令体系维持在强酸性环境，同时具有合适的氧化电位。在选择氧化剂时应当注意，氧化电位过高会导致水分子分解、氧气释放，且所用氧化剂的氧化性不可高于 Cr^{6+}，否则会造成矿石中 Cr^{3+} 氧化为 Cr^{6+}，导致 Cr^{6+} 污染问题。

浓硫酸以其无毒性、无挥发性、强氧化性而作为湿法冶金中高效的酸解液被广泛应用。研究已证实，浓硫酸对铬铁矿的分解效率要明显高于盐酸、硝酸和磷酸等无机酸，是一种适合于铬铁矿酸溶浸出的酸解试剂。在铬铁矿分解过程中，它不但可以向溶液中提供 H^+，还能保证体系的氧化性环境，Vardar 等[6]曾研究了硫酸对铬铁矿的侵蚀作用，认为氢质子攻击铬铁矿晶格是铬铁矿分解的主要原因。这种破坏作用使金属离子以它们在晶格中的比例进入溶液。基于以上研究，硫酸是铬铁矿分解浸出的较优选择。另外，氧化剂的氧化性介于 Fe^{2+} 和 Cr^{6+} 之间时，既可起到氧化矿石中 Fe^{2+} 的作用，又可有效避免 Cr^{6+} 的产生。

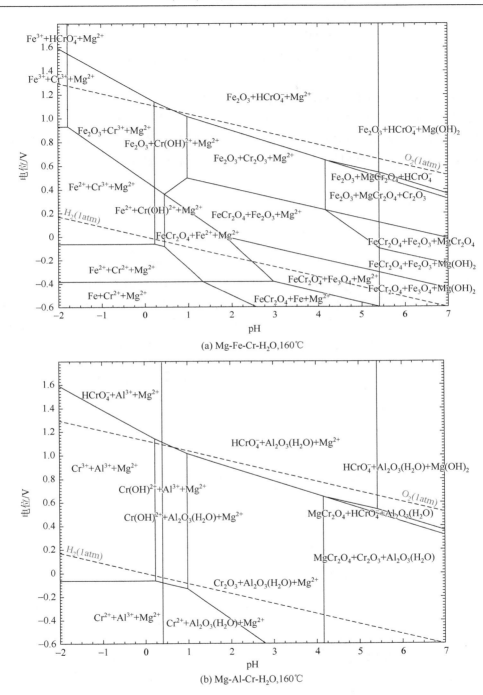

(a) Mg-Fe-Cr-H₂O,160℃

(b) Mg-Al-Cr-H₂O,160℃

图 5.1　160℃条件下 Mg-Fe-Cr-H₂O 系和 Mg-Al-Cr-H₂O 系电位-pH 图

5.3　铬铁矿硫酸浸出反应机理

铬铁矿酸溶浸出工艺自提出以来,研究多关注于工艺参数的优化和关键指标的提升,有关矿石相转变方式,物相间的相互作用规律,各元素的浸出顺序、迁移路径和赋存状态等基础理论问题研究较少。本节采用不同尺寸铬铁矿试样进行硫酸浸出模拟实验,针对性探讨铬铁矿硫酸浸出过程中的反应机理相关问题。

5.3.1　实验方法

1. 实验原料

本节同时采用块状和粉状南非铬铁矿进行研究,并在部分实验中使用巴基斯坦铬铁矿进行对比。具体物相与成分见图 5.2、图 5.3 和表 5.1。由图 5.2 和图 5.3 可知,两种铬铁矿的形貌相似,主体物相均为类质同象尖晶石相和富镁硅酸盐相。由表 5.1 可知,两种铬铁矿中的三价金属离子含量处在同一水平。南非铬铁矿中的 Fe^{2+} 含量明显高于巴基斯坦铬铁矿。实验所用主要试剂见表 5.2。

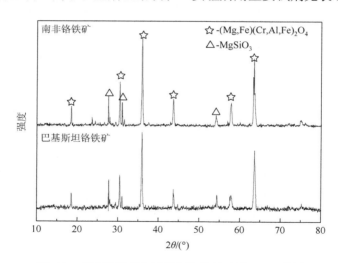

图 5.2　南非铬铁矿和巴基斯坦铬铁矿的 XRD 谱图

表 5.1　南非铬铁矿和巴基斯坦铬铁矿成分(以质量分数计,单位:%)

矿石种类	FeO	Fe_2O_3	Cr_2O_3	SiO_2	Al_2O_3	MgO	其他
南非铬铁矿	18.69	5.22	45.18	6.79	13.25	8.87	2.00
巴基斯坦铬铁矿	6.67	5.34	42.29	6.67	13.01	19.75	6.27

(a) 南非铬铁矿　　　　　　　　　　　　　(b) 巴基斯坦铬铁矿

图 5.3　南非铬铁矿和巴基斯坦铬铁矿的 SEM 图像

表 5.2　实验所用主要试剂

编号	试剂名称	化学式	厂家
1	氧化剂 A（简称氧化剂）	—	—
2	浓硫酸	H_2SO_4	沈阳新兴试剂厂
3	浓盐酸	HCl	沈阳新兴试剂厂
4	硝酸	HNO_3	沈阳新兴试剂厂
5	磷酸	H_3PO_4	沈阳新兴试剂厂
6	双氧水	H_2O_2	沈阳新兴试剂厂
7	无水乙醇	C_2H_5OH	天津市富宇精细化工有限公司
8	氧化铁	Fe_2O_3	国药集团化学试剂有限公司
9	氯化亚锡	$SnCl_2 \cdot 2H_2O$	国药集团化学试剂有限公司
10	钨酸钠	$Na_2WO_4 \cdot 2H_2O$	国药集团化学试剂有限公司
11	三氯化钛	$TiCl_3$	国药集团化学试剂有限公司
12	硫酸铜	$CuSO_4 \cdot 5H_2O$	国药集团化学试剂有限公司
13	重铬酸钾	$K_2Cr_2O_7$	国药集团化学试剂有限公司
14	硝酸银	$AgNO_3$	国药集团化学试剂有限公司
15	过硫酸铵	$(NH_4)_2S_2O_8$	国药集团化学试剂有限公司
16	硫酸亚铁铵	$(NH_4)_2SO_4 \cdot FeSO_4 \cdot 6H_2O$	国药集团化学试剂有限公司
17	苯基代邻氨基苯甲酸	$C_{13}H_{11}NO_2$	国药集团化学试剂有限公司
18	二苯胺磺酸钠	$C_{12}H_{10}NNaO_3S$	国药集团化学试剂有限公司
19	碳酸钠	Na_2CO_3	国药集团化学试剂有限公司
20	去离子水	H_2O	自制

2. 实验步骤

1）铬铁矿块硫酸浸出实验

为深入探讨特定浸出条件下铬铁矿各物相的表观形貌和物相变化等问题，本节开展块状矿石硫酸浸出实验。将大块矿石切割并用砂轮打磨出两个光滑平面，然后用砂纸和抛光布进行抛光得图 5.4 所示的试样。对光滑面喷金并用 SEM-EDS 分析矿石形貌和物相，检测完毕后小心除去金层并进行浸出实验。浸出过程中用聚四氟乙烯夹持器固定矿块并不断搅动，模拟颗粒在酸解液中的运动过程。待实验结束后将矿块洗涤、烘干，并尽量避免对表面的破坏。向一侧腐蚀后的铬铁矿块表面喷金，通过 SEM-EDS 对其形貌和物相进行分析，对比不同浸出时间后形貌和物相的变化，研究各物相在浸出过程中的转变方式。另一侧腐蚀后的铬铁矿块表面采用金相显微镜进行原位观察，确定各物相间的相互作用规律。铬铁矿块硫酸浸出实验装置图如图 5.5 所示。

图 5.4　铬铁矿块试样照片

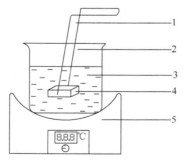

1-聚四氟乙烯夹持器；2-烧杯；3-硫酸溶液和氧化剂；4-铬铁矿块；5-电热套

图 5.5　铬铁矿块硫酸浸出实验装置图

2）铬铁矿粉硫酸浸出实验

将 100mL 硫酸与一定量的氧化剂倒入锥形瓶中，然后置于电热套上，开启搅拌器并加热。当溶液温度达到设定值时，将 10g 粒径小于 74μm 的铬铁矿粉加入锥形瓶中，并开始计时。待反应结束后，取下锥形瓶，向瓶中倒入 300mL 去离子水进行稀释，然后进行抽滤、洗涤，使浸出液与浸出残渣分离。将滤液定容至 500mL，取两份试样，分别用于化学分析和 ICP-OES 检测，确定溶液中的离子含量，然后将其与矿石中该元素含量的比值作为本章中元素浸出率。实验装置如图 5.6 所示。

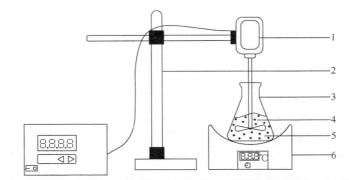

1-变速搅拌器；2-铁架台；3-锥形瓶；4-铬铁矿粉；5-硫酸溶液和氧化剂；6-电热套

图 5.6　铬铁矿粉硫酸浸出实验装置图

3. 研究方案

在铬铁矿硫酸浸出过程相转变研究中，主要进行铬铁矿块的浸出实验。将 1g 氧化剂溶于 100mL 质量分数为 80%的浓硫酸中配成酸解液，然后在 160℃下浸泡矿块并保持不同时间（1min、2min、5min、15min、30min、45min、60min、90min 和 120min）。待反应结束后，将矿块洗涤、烘干、喷金，进行 SEM-EDS 检测、金相观察和 3D 共聚焦显微镜观察。

在铬铁矿块实验结果的基础上，本节还分别进行了南非铬铁矿和巴基斯坦铬铁矿在不同硫酸质量分数（50%、60%、70%、80%）和氧化剂/铬铁矿（质量比）（0.04、0.06、0.08、0.10 和 0.12）条件下的矿粉浸出实验，研究了尖晶石相的分解方式和氧化剂在相分解过程中的作用规律。

5.3.2　铬铁矿在硫酸浸出过程中的相转变行为

由南非铬铁矿的物相分析可知，矿石主要由类质同象尖晶石相和富镁硅酸盐相组成。要深入了解铬铁矿在硫酸浸出过程中的转变行为，有必要先对两相各自浸出方式进行分别探讨，再对其相互作用机制进行综合考察。

1. 硅酸盐相

图 5.7 给出了铬铁矿块在浸出 2min、15min、60min 和 90min 后的表观形貌和部分富硅相的成分分析。由图 5.7 中 EDS 谱图可知，富镁硅酸盐相在硫酸浸出 2min 后仍含有大量金属元素。在反应进行 15min 后，硅酸盐相转变为硅氧相（硅氧原子比约 1∶2），金属元素特征峰在 EDS 谱图中消失。尖晶石相在浸出过程中逐渐分解，并在富硅相基体上留下了大量的坑洞。富硅相在转变过程中未发生明显的形态变化，亦无胶状物质产生，且硅酸胶体在 150℃以上难以稳定存在。因此，由实验结果可推测硅酸盐最终转变为二氧化硅相。

为重点考察富镁硅酸盐相的形貌变化，取与南非铬铁矿伴生的富镁硅酸盐矿块，按照制备铬铁矿块的方法对试样进行表面处理，并在相同硫酸浸出条件下进行 30min 浸出实验。将浸出前后的硅酸盐矿块进行 3D 共聚焦显微镜观察，表观

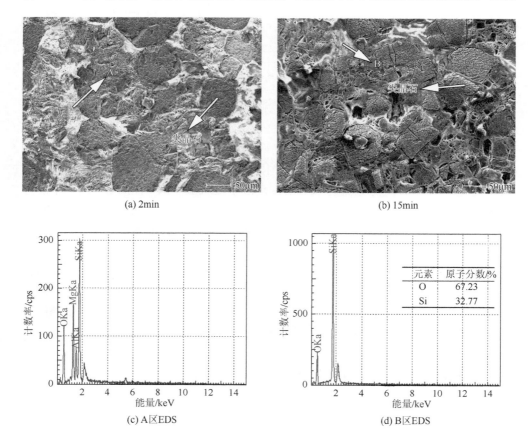

(a) 2min　　　　　　　　　　　　　　　　(b) 15min

(c) A区EDS　　　　　　　　　　　　　　　(d) B区EDS

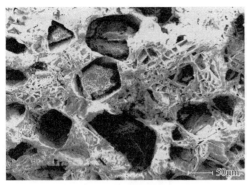 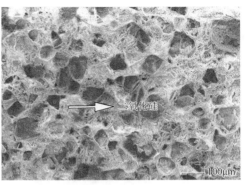

(e) 60min　　　　　　　　　　　　　　　　(f) 90min

图 5.7　铬铁矿块浸出不同时间后表面的 SEM 图像和 EDS 谱图

形貌如图 5.8 所示。浸出前硅酸盐矿块表面平整（如①层），整体呈灰绿色，在含氧化剂的硫酸溶液中浸泡一段时间后，表面形成一层白色固相产物层（如②层），产物层表面粗糙度较低，在机械摩擦或强烈振动的条件下产物层可以与硅酸盐基体脱离，暴露出的内层未反应硅酸盐相依然保有平整的表面。继续延长浸出时间，硅酸盐矿块表面产物层增厚，表观形貌保持稳定，硅酸盐矿块的宏观体积亦无明显改变。

　　为进一步对富镁硅酸盐相酸浸产物进行确定，对粒径小于 74μm 的铬铁矿粉分别进行 30min 和 120min 的浸出实验，将其产物进行 XRD 检测并与原矿进行对比，结果如图 5.9 所示。从图 5.9 中可以发现，硅酸盐相衍射峰随浸出时间的延长而逐渐减弱，直至消失，但所有 XRD 谱图中均未发现新的含硅相衍射峰，说明反应生成的二氧化硅相为非晶体结构。由此可以推测，硅酸盐相在硫酸浸出过程中转变为非晶态。此固相层形态稳定，对浸出反应的持续进行起到阻隔作用。酸解液中的 H^+ 和氧化剂需穿过富硅层才能够与内部尖晶石接触，富硅相影响了离子扩散，降低了反应速率。硅酸盐相与酸解液的离子反应可表示为

$$MgSiO_3 + 2H^+ \longrightarrow Mg^{2+} + SiO_2 + H_2O \qquad (5\text{-}2)$$

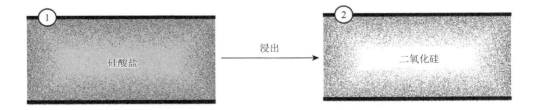

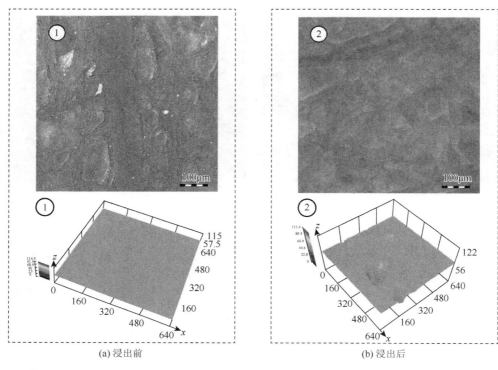

(a) 浸出前　　　　　　　　　　　　　　(b) 浸出后

图 5.8　硅酸盐矿块在浸出前后的形貌变化

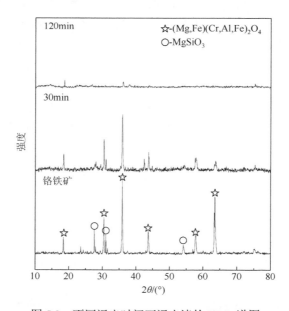

图 5.9　不同浸出时间下浸出渣的 XRD 谱图

2. 尖晶石相

图 5.10 给出了铬铁矿块在 160℃条件下浸出 30min 后的表观形貌。从图 5.10 中可以看到,在尖晶石相和富硅相的界面处存在较宽的缝隙,尖晶石相表面则产生了大量均匀分布的"十"字状腐蚀沟。由于不同物相间的界面处结合力相对较弱,在强酸性和氧化性溶液中,此处优先发生腐蚀且发展迅速,导致相间缝隙。当相间腐蚀达到一定程度时,尖晶石相会由于溶液的搅动而与富硅相脱离,留下坑洞。同时,脱落的尖晶石相与酸解液的接触面积大幅增加,加快了自身的浸出效率。

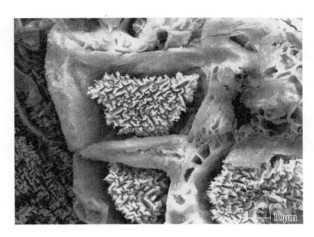

图 5.10　铬铁矿块浸出 30min 后表面的 SEM 图像

为进一步观察尖晶石相的解离方式,将 SEM 放大倍数提高到 8000 倍,并对原矿的尖晶石相和在酸解液中浸出不同时间(1min、5min、15min、30min 和 60min)后的尖晶石相进行表观形貌检测,结果如图 5.11 所示。由图 5.11 可知,尖晶石相

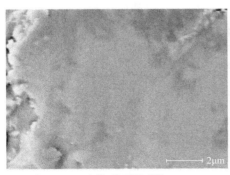

(a) 尖晶石相原始形貌

(b) 1min

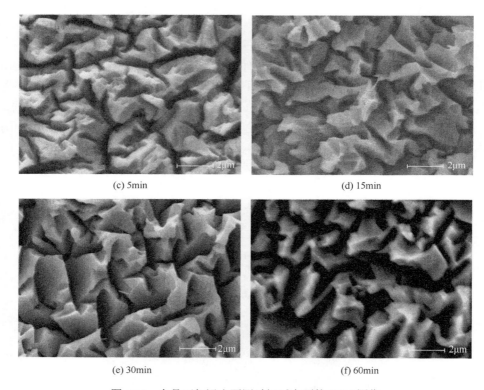

(c) 5min　　　　　　　　　　　　　　　(d) 15min

(e) 30min　　　　　　　　　　　　　　　(f) 60min

图 5.11　尖晶石相浸出不同时间后表面的 SEM 图像

在浸入酸解液后马上开始发生分解，浸出 1min 时即产生大量裂纹，5min 后裂纹演化为清晰的腐蚀沟，并随着时间的推移向平行于相表面和垂直于相表面的方向共同发展。在晶体结构中，晶间的结合力较晶内化学键弱，因此沟状腐蚀的诱发位置和延伸方向优先存在于晶间处，这也是其均匀分布多方向发展的重要原因。

　　用金相显微镜对不同浸出时间的铬铁矿块表面进行原位观察实验，结果如图 5.12 所示。铬铁矿块受到酸解液的侵蚀作用，表层开始逐渐脱落，结合前面分析可知，表层脱落的物相主要为尖晶石相。下层物相形态变化不大，随浸出的进行逐渐趋于亮白，这是由硅酸盐相向富硅相转变造成的。在铬铁矿的自然成矿过程中，尖晶石相与硅酸盐相多以层状型、豆荚状型和似层状型的方式伴生。因此在浸出过程中，富硅相的形态稳定性对内层尖晶石相的持续分解造成了严重的阻碍。

3. 铬铁矿

　　根据以上研究所得结论，将铬铁矿在浸出过程中的相转变行为绘制示意图，如图 5.13 所示。图中分别用罗马数字Ⅰ、Ⅱ、Ⅲ和Ⅳ代表浸出过程某一时刻尖晶

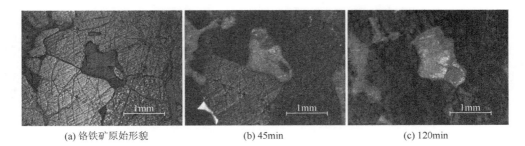

(a) 铬铁矿原始形貌　　　　　　(b) 45min　　　　　　(c) 120min

图 5.12　铬铁矿不同浸出时间的原位分析

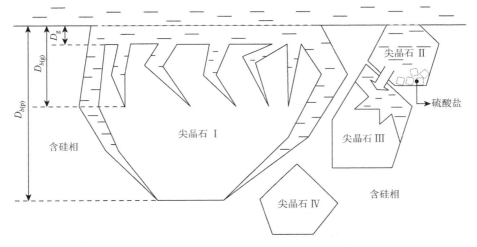

图 5.13　铬铁矿在浸出过程中的相转变行为

$D_{b(p)}$ 指相界面腐蚀深度；$D_{b(g)}$ 指晶界腐蚀深度；D_g 指尖晶石腐蚀深度

石所处的四种状态。其中，尖晶石 I 代表尚处在浸出过程中的尖晶石颗粒，虚线为其初始表面所在位置。铬铁矿在放入酸解液后开始产生腐蚀裂纹，并逐渐演化为腐蚀沟。$D_{b(p)}$、$D_{b(g)}$ 和 D_g 分别代表此时刻尖晶石 I 不同位置处的腐蚀深度。由于相间结合力＜晶间结合力＜晶内化学键，所以腐蚀优先发生在相界面处，当腐蚀进行到一定程度时，受溶液动力学条件影响，两相可能脱离，并在富硅相上留下坑洞，如尖晶石 II 处所示。在尖晶石 I 内部，腐蚀沟出现在晶界处，并随浸出的进行沿水平和垂直方向不断延伸，其解离速率快于晶格内部分解速率，因此出现 $D_{b(p)}>D_{b(g)}>D_g$ 的现象。在某些情况下，溶液中的硫酸盐会逐渐析出并进入渣相，如尖晶石 II 处所示。在表层尖晶石颗粒全部溶解或脱离基体后，酸解液将穿过富硅层扩散到内层并与内层尖晶石颗粒反应，如尖晶石 III 所示。不同于表层尖晶石颗粒的动力学行为，内层尖晶石相与酸解液进行反应时，除同样受反应物离子在溶液中的扩散速率、界面反应速率和金属离子产物在液相中的扩散速率影响外,还受到反应物与产物离子在富硅层内扩散速率的影响。对于富硅层比较厚的矿石颗粒,在反应终止时可能存在部分内层尖晶石相反应不彻底(如尖晶石Ⅲ)甚至尚未反应(如尖晶石Ⅳ)的现象。因此,铬铁矿硫酸浸出后所得渣相中主要含有非晶态硅相和未反应尖晶石相。

5.3.3　尖晶石相在硫酸浸出过程中的分解方式

由 160℃时 Mg-Fe-Cr-H$_2$O 系和 Mg-Al-Cr-H$_2$O 系电位-pH 图(图5.1)可知,高氧化电位有利于铬铁矿中尖晶石相的分解。浓硫酸和氧化剂保证了酸解液的氧化性,确保了大部分 Fe^{2+} 在浸出过程中被氧化为 Fe^{3+}。由于此氧化反应的发生,Fe^{2+} 半径减小,导致尖晶石晶格发生畸变,弱化尖晶石相的稳定性,从而促进铬铁矿的分解。由此可推测,还原性金属离子(Fe^{2+})含量较高的铬铁矿在硫酸浸出过程中更易分解。

为验证以上观点,分别对高 Fe^{2+} 含量的南非铬铁矿(FeO 质量分数 = 18.69%)和低 Fe^{2+} 含量的巴基斯坦铬铁矿(FeO 质量分数 = 6.67%)在相同条件下进行对比实验。图 5.14 为不同铬铁矿中铬浸出率与铁浸出率随硫酸质量分数的变化关系。当硫酸质量分数为 50%时,南非铬铁矿中约有 40%的铬和铁元素进入浸出液中,而巴基斯坦铬铁矿并没有发生明显的分解反应。这主要是由于南非铬铁矿中大量 Fe^{2+}氧化为 Fe^{3+},大幅降低了尖晶石相的稳定性,使其能够在更低的硫酸质量分数中得以分解。质量分数为 50%的硫酸溶液在此条件下尚不满足巴基斯坦铬铁矿的解离要求,浸出反应难以进行。当硫酸质量分数超过 70%后,两种矿石的铬浸出率达到同一水平,浸出趋势一致。

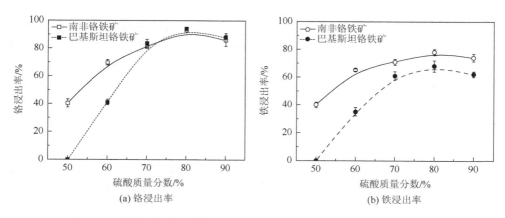

图 5.14　不同铬铁矿中铬浸出率与铁浸出率随硫酸质量分数的变化关系

氧化剂用量对 Fe^{2+} 氧化反应的进行程度有重要的影响。本节采用不同氧化剂/铬铁矿对 10g 铬铁矿在 160℃下铬与铁元素的浸出行为进行了研究。图 5.15 为不同铬铁矿中铬浸出率与铁浸出率随氧化剂用量的变化关系。由图 5.15 可知,氧化剂用量大于巴基斯坦铬铁矿质量的 0.06 时,铬浸出率可达 90%以上;在南非铬铁矿实验中,达到相近铬浸出率需要消耗约铬铁矿质量 8%的氧化剂。对铁元素而言,当氧化剂/铬铁矿达到 0.06 后,巴基斯坦铬铁矿实验中铁浸出率保持在稳定水平;南非铬铁矿中铁浸出率会随氧化剂用量继续升高,直至氧化剂/铬铁矿达到0.10。由此可得出,Fe^{2+} 含量高的铬铁矿在浸出过程中需要消耗更多的氧化剂。另外,对浸出液进行 ICP-OES 检测可知,Fe^{2+} 含量随氧化剂用量的升高而降低,且所有试样中均未发现除 Cr^{3+} 以外的其他铬离子形态。

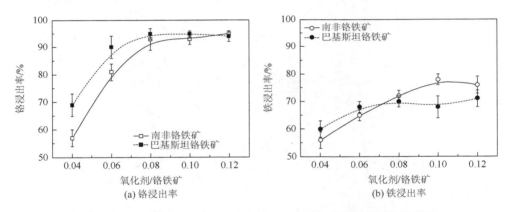

图 5.15 不同铬铁矿中铬浸出率与铁浸出率随氧化剂用量的变化关系

为进一步考察尖晶石相在硫酸浸出过程中的分解方式,确定金属元素的浸出顺序,对原矿(南非铬铁矿块)和浸出不同时间(5min、15min 和 30min)的南非铬铁矿块进行面扫描检测,结果如图 5.16 所示。原矿中富铬尖晶石相为浅色物相,富镁硅酸盐相为深色物相。反应一段时间后,尖晶石相亮度变化不大,硅酸盐相由于金属离子的浸出逐渐转变为颜色相对较浅的亮白色富硅相。对金属元素的面扫描结果进行对比发现,尖晶石相中各金属元素含量由于腐蚀而同步降低,但其比例关系并未发生明显改变。由此可推测,Cr^{3+}、Fe^{2+}、Fe^{3+}、Mg^{2+}、Al^{3+} 以相似速率进入浸出液。因此,铬铁矿在氧化剂的作用下进行的浸出反应可表示为

$$(Mg_a,Fe_b)(Cr_c,Al_d,Fe_f)_2O_4+8H^+-be^- \longrightarrow aMg^{2+}+(b+2f)Fe^{3+}$$
$$+2cCr^{3+}+2dAl^{3+}+4H_2O \quad (5-3)$$

基于以上实验结果和讨论,可将本章提出的尖晶石相分解机理绘制为图 5.17。在铬铁矿中,金属离子占据氧骨架构成的四面体和八面体间隙,并与氧相连。当铬

铁矿与氧化性酸解液接触时，四面体位的 Fe^{2+} 发生氧化反应，离子半径减小，导致尖晶石晶格发生畸变，从而降低了铬铁矿的稳定性。与此同时，氧骨架受到酸溶液中大量 H^+ 的进攻，生成稳定的 H_2O 分子进入溶液，使尖晶石结构完全被破坏，晶格间隙中的金属离子以相似的速率均匀释放到浸出液中。

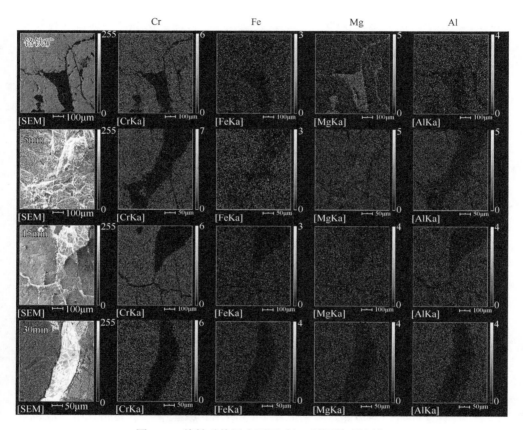

图 5.16　铬铁矿块浸出不同时间后的面扫描图像

5.3.4　相分离程度对铬铁矿浸出行为的影响

通过前面分析可知，富硅相会对内层尖晶石相与酸解液的接触造成阻碍，因此本节研究相分离程度对铬铁矿浸出行为的影响。随机抽取五块南非铬铁矿，将各矿块打磨、抛光出一个光滑平面，利用 SEM-EDS 对每个表面在 200 倍放大倍率下逐一观察，并各取 20 个视场进行尖晶石相尺寸的测量和统计（以每相的最长对角线距离作为此尖晶石相的尺寸）。忽略小于 10μm 的物相，结果发现在 100 个视场中共存在 1044 个尖晶石相，对相尺寸分布进行统计，结果如图 5.18 所示。由图 5.18 可知，约 80%的尖晶石相尺寸小于 90μm，这意味着若破碎后的颗粒尺寸高于此水平，则大量的尖晶石相会被硅酸盐相包裹，阻碍反应物间的有效接触，影响铬元素的浸出效果。

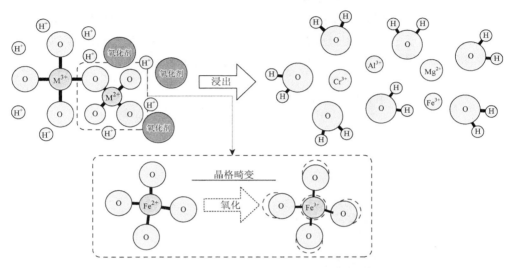

图 5.17　尖晶石相在硫酸浸出过程中的分解机理

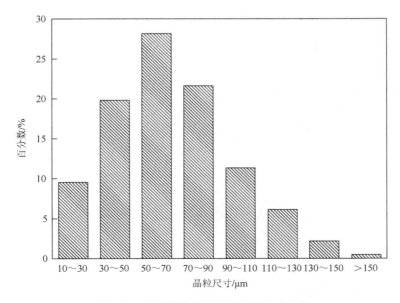

图 5.18　南非铬铁矿中尖晶石相尺寸分布

　　以尖晶石相尺寸统计结果为依据，对不同粒径水平（＜39μm、39～74μm、74～125μm 和＞125μm）的铬铁矿粉进行浸出实验，各组实验铬浸出率随浸出时间的变化关系如图 5.19 所示。由图 5.19 可知，铬铁矿粉粒度对铬浸出率有重要的影响。随着粒度的逐渐减小，铬铁矿在硫酸中的浸出速率明显提高。同样进行 90min 浸出反应，粒度大于 74μm 的铬铁矿粉中，铬浸出率低于 70%；粒度小于 74μm 的铬铁矿粉却能实现约 90%的铬浸出率。这是由于通过对铬铁矿粉进行适度破碎，实现了尖晶石相与硅酸盐相的充分分离，使大多数尖晶石颗粒在浸出过程中作为独立物相进行反应，而不受富硅相的持续影响。

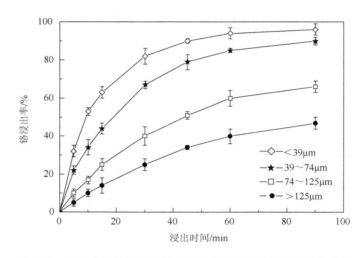

图 5.19　不同粒径的铬铁矿粉中铬浸出率随浸出时间的变化关系

　　由此可得出，在铬铁矿酸溶浸出工艺中，矿石粒度应当以所用铬铁矿的具体物相尺寸与分布情况为依据，保证两种物相充分分离，降低硅酸盐相对尖晶石相的包裹作用。然而，虽然小粒径的铬铁矿粉对浸出有利，但是过分追求研磨细度将导致破碎成本提高。因此，将南非铬铁矿粉破碎到 74μm 以下的水平已能够满足本实验要求。

5.4　铬铁矿硫酸浸出影响因素

　　本节以热力学分析为基础，探讨浸出温度、硫酸质量分数、浸出时间、氧化剂用量及搅拌速度对铬铁矿硫酸浸出过程的作用规律，并重点考察浸出过程中的硫酸盐析出行为，探索避免硫酸盐析出的具体方式，制定铬铁矿硫酸浸出的合理参数。

5.4.1 实验方法

以图 5.1 中的虚线区域为本实验的参考条件，重点考察浸出温度（140℃、150℃、160℃、170℃、180℃、190℃和200℃）、硫酸质量分数（50%、60%、70%、80%和90%）、浸出时间（10min、20min、30min、40min、50min、60min、90min 和 120min）、氧化剂/铬铁矿（0、0.05、0.08 和 0.20）和搅拌速度（0r/min、100r/min、200r/min、300r/min 和 400r/min）对铬铁矿硫酸浸出反应的影响。具体实验方案见表 5.3。

表 5.3 实验方案

编号	浸出温度/℃	硫酸质量分数/%	浸出时间/min	氧化剂/铬铁矿	搅拌速度/(r/min)
1	140	80	60	0.08	300
2	150	80	60	0.08	300
3	160	80	60	0.08	300
4	170	80	60	0.08	300
5	180	80	60	0.08	300
6	190	80	60	0.08	300
7	200	80	60	0.08	300
8	160	50	60	0.08	300
9	160	60	60	0.08	300
10	160	70	60	0.08	300
11	160	90	60	0.08	300
12	160	80	10	0.08	300
13	160	80	20	0.08	300
14	160	80	30	0.08	300
15	160	80	40	0.08	300
16	160	80	50	0.08	300
17	160	80	90	0.08	300
18	160	80	120	0.08	300
19	160	80	60	0	300
20	160	80	60	0.05	300
21	160	80	60	0.20	300
22	160	80	60	0.08	0
23	160	80	60	0.08	100
24	160	80	60	0.08	200
25	160	80	60	0.08	400

5.4.2 实验结果分析与讨论

1. 浸出温度

图 5.20 为 140℃、150℃、160℃、170℃、180℃、190℃和 200℃下铬铁矿硫酸浸出 60min 后铬浸出率和浸出渣质量。由图 5.20 可知，随着浸出温度的逐渐升高，铬浸出率先增大后减小，而浸出渣质量则表现为相反的趋势。当浸出温度为 160℃时，约 93%的 Cr^{3+}进入浸出液，此时仅有 1g 左右的浸出渣剩余。继续升温至 180℃，铬浸出率和浸出渣质量变化不大。但浸出温度超过 180℃以后，铬浸出率迅速下降。浸出温度升至 200℃时，铬浸出率已低于 35%，同时有约 18g 浸出渣残留在锥形瓶底部。另外还发现，浸出渣的颜色也随浸出温度发生改变。在 140℃升至 180℃的过程中，浸出渣逐渐由深灰色变为灰白色；浸出温度超过 180℃后，浸出渣向绿色演变。

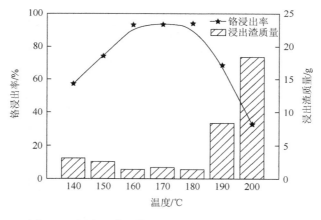

图 5.20 浸出温度对铬浸出率和浸出渣质量的影响

对 200℃所得的绿色浸出渣进行同步热分析仪（thermogravimetric analysis-differential scanning calorimetry，TG-DSC）检测，并对数据进行系统分析。发现谱图中同时存在硫酸铬、硫酸铁、硫酸铝和硫酸镁等物相的分解反应吸热峰和失重峰，其中硫酸铬造成的热吸收和质量损失最大，说明硫酸铬在浸出渣中所占比例较大。结合 ICP-OES 和 EDS 等检测手段对此试样进行进一步分析，得到浸出渣的物相组成，如图 5.21 所示。由图 5.21 可知，浸出渣中的主要成分为酸浸过程中析出的金属硫酸盐，含量顺序依次为硫酸铬＞硫酸铁＞硫酸铝＞硫酸镁，其总比例超过浸出渣质量的 90%。硫酸盐的析出会使大量铬元素进入渣相，导致严重铬损失，还会覆盖在铬铁矿粉上阻碍铬铁矿与酸浸液的进一步接触，影响铬的浸出。此外，含铬渣排放的环境中存在污染风险。因此，应当对硫酸盐的析出原因进行全面分析，制定合理的铬铁矿硫酸浸出工艺参数，避免硫酸盐的产生。

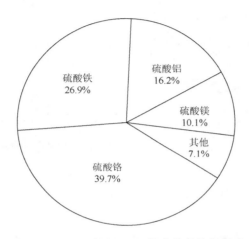

图 5.21　200℃酸浸 60min 浸出渣的物相组成

　　分别对其他各组浸出渣进行检测，发现除 190℃和 200℃浸出后有相似物相组成外，低于此温度的试样中均未发现硫酸盐相，渣相中仅含有富硅相和未反应尖晶石相。将铬铁矿块分别在 160℃和 190℃下浸出 90min，将其 SEM 图像进行比较，如图 5.22 所示。从图 5.22 中可以看到，铬铁矿中的尖晶石相被酸解液溶解后在富硅相基体上留下了坑洞。当浸出温度为 160℃时，坑洞中并无沉积相存在。当浸出温度为 190℃时，大量粒径小于 5μm 的颗粒沉积在坑洞底部，在坑洞周围并未发现大量此类颗粒。因此可以推测，在浸出温度较高时（高于 180℃），铬铁矿的分解速率较快，固-液界面层中的金属离子无法快速扩散到主体溶液中，造成了离子堆积。当达到饱和浓度后，金属硫酸盐析出并沉淀，进入渣相中。硫酸盐相之所以优先在坑洞底部析出是因为此处的金属离子浓度相对较高，动力学条件较差，更易发生过饱和现象，如图 5.13 所示的尖晶石Ⅱ。

　　由以上分析可知，浸出温度是影响硫酸盐析出的重要原因，在 160～180℃进行铬铁矿硫酸浸出实验能够得到较高的铬浸出率和较小的浸出渣质量。因此，160℃为适宜浸出温度。

2. 硫酸质量分数

由图 5.1 可知，弱酸和低氧化电位体系无法将铬铁矿的尖晶石结构彻底破坏。

分别使用质量分数为 50%、60%、70%、80% 和 90% 的硫酸溶液在 160℃ 下对铬铁矿粉进行硫酸浸出实验。

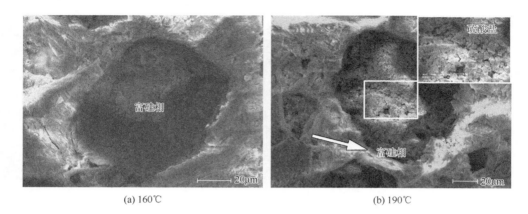

(a) 160℃   (b) 190℃

图 5.22　铬铁矿块在 160℃ 和 190℃ 浸出 90min 后的 SEM 图像

图 5.23 为铬浸出率和浸出渣质量随硫酸质量分数的变化关系。当硫酸质量分数为 50% 时，仅有约 40% 的铬元素被浸出；当硫酸质量分数提升到 80% 时，铬浸出率超过 90%。在此区间内浸出渣质量持续下降。此浸出结果与刘承军等[8, 9]研究得出的结论相似：随着硫酸用量的增加，铬浸出率逐渐增大，当使用铬铁矿质量三倍的硫酸时，铬浸出率可达 98.5%。这是由于硫酸质量分数的增加提高了溶液的酸性和氧化性，增强了酸解液对尖晶石结构的腐蚀作用。但是，当硫酸质量分数达到 90% 时，渣相中检测到了硫酸盐，同时铬浸出率下降、浸出渣质量增大。原因如下：

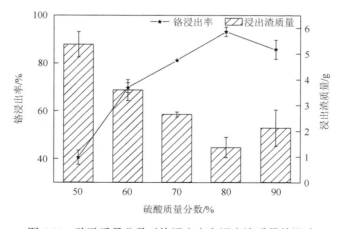

图 5.23　硫酸质量分数对铬浸出率和浸出渣质量的影响

一方面，当硫酸质量分数过高时，反应速率处于较高水平，固-液界面中产生金属离子的速率远大于其向溶液本体的扩散速率，致使金属离子局部富集，以硫酸盐的形式过饱和析出；另一方面，溶液黏度随硫酸质量分数的增加而升高，影响了金属离子向溶液本体的扩散速率，导致金属离子在反应界面层的富集和析出。

由以上分析可知，硫酸质量分数也是影响浸出过程中硫酸盐析出的重要因素。因此，为保证较高的铬浸出率，避免硫酸盐析出，本章使用质量分数为 80%的硫酸进行浸出实验。

3. 浸出时间

图 5.24 为 160℃下铬浸出率随浸出时间的变化关系。由图 5.24 可知，随着浸出时间的延长，铬铁矿结构逐渐被酸解液侵蚀而破坏，Cr^{3+} 得以持续释放。在浸出 60min 后，有约 93%的 Cr^{3+} 进入溶液；当连续浸出 90min 时，铬浸出率提升至 96%左右，但浸出速率明显降低。本实验中所有浸出渣试样均未检测到硫酸盐相。为了更直观地了解铬铁矿在硫酸浸出过程中的形貌和物相转变，作者进行铬铁矿块浸出实验。图 5.25 为铬铁矿块在浸出过程中和浸出完全后的 SEM 图像。从图 5.25 中可以看出，由于硫酸和氧化剂的侵蚀作用，尖晶石相不断缩小。随着反应的进行，尖晶石相或由于被腐蚀而脱离基体，或收缩直至消失，最终在富硅相表面留下大量坑洞。

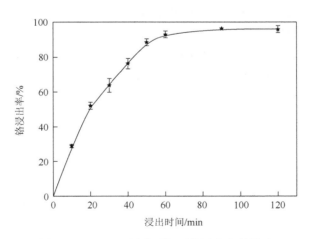

图 5.24　160℃下浸出时间对铬浸出率的影响

综合考虑铬浸出率和反应效率，作者认为在本实验条件下反应 60min 即可满足要求，超过此时间后浸出速率大幅降低，且仍无法达到完全反应。因此，60min 为适宜浸出时间。

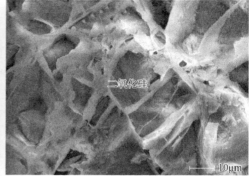

(a) 浸出中　　　　　　　　　　　　　　(b) 浸出完全后

图 5.25　浸出中和浸出完全后铬铁矿块表面的 SEM 图像

4. 氧化剂用量

由前面分析可知，氧化剂对铬铁矿硫酸浸出过程的影响主要是通过氧化尖晶石结构内的变价元素 Fe^{2+} 实现的。在此过程中，金属离子半径发生改变，导致晶格稳定性降低，进而达到促进铬铁矿分解的目的。

本实验选择表 5-2 所示的氧化剂，通过具体实验探讨其对铬铁矿浸出行为的作用规律。经计算可知，将 10g 实验用南非铬铁矿中 Fe^{2+} 全部氧化为 Fe^{3+} 共需约 0.87g 氧化剂，因此本实验选取氧化剂用量分别为 0g、0.6g、0.8g、1.0g 和 1.2g，即氧化剂/铬铁矿分别为 0、0.06、0.08、0.10 和 0.12。图 5.26 为氧化剂用量对铬浸出率的影响。当无氧化剂加入时，铬铁矿在 160℃下酸浸 60min 后，仅有约 32% 的铬进入溶液；加入 0.8g 氧化剂后，铬浸出率大幅提高，有约 93% 的 Cr^{3+} 被浸

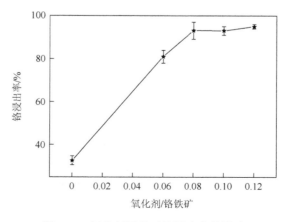

图 5.26　氧化剂用量对铬浸出率的影响

出。继续增加氧化剂的用量并不能进一步提升铬浸出率。对使用 0.8g 氧化剂的浸出液试样进行 Cr^{6+} 检测，发现无 Cr^{6+} 存在。

　　将铬铁矿块在使用和未使用氧化剂的硫酸溶液中分别浸出 30min 和 60min。图 5.27 为反应后尖晶石相表观形貌。由图 5.27 可以看到，尖晶石相表面在浸出过程中出现了大量的腐蚀沟，并随着浸出时间的延长而不断延伸，氧化剂加快了腐蚀沟的发展。然而，即便没有氧化剂的加入，尖晶石相的解离也能够进行，但反应速率非常缓慢。因此，氧化剂显著提高了酸解液的氧化性，加快了尖晶石相的分解速率，促进了铬铁矿浸出反应的进行。

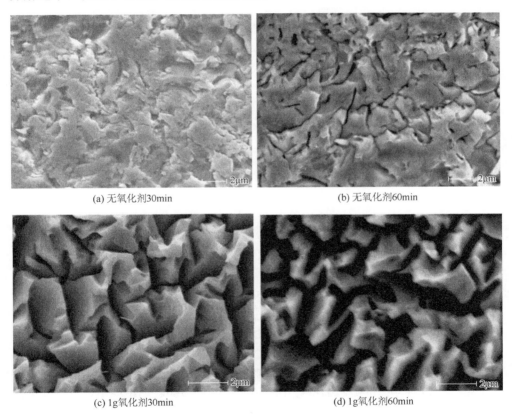

(a) 无氧化剂30min　　　　　　　　　　　　(b) 无氧化剂60min

(c) 1g氧化剂30min　　　　　　　　　　　　(d) 1g氧化剂60min

图 5.27　氧化剂的使用对铬铁矿浸出 30min 和 60min 时表观形貌的影响

　　由以上分析可知，氧化剂对于铬铁矿浸出速率的提升起着至关重要的作用，在本实验条件下氧化剂的适宜用量为铬铁矿质量的 8%。

5. 搅拌速度

　　前面分析认为，在浸出过程中溶液的动力学条件对硫酸盐的析出行为有着重要的影响。本实验对 0～400r/min 的搅拌速度范围进行了探讨，并将铬浸出率与搅拌速度的关系绘制为图 5.28。当无搅拌操作时，铬浸出率处在较低水平，通过对浸出渣进行物相分析发现，渣中同时存在富硅相、未反应尖晶石相和富铬硫酸盐相。这是由于在动力学条件较差时，固-液反应界面层中的金属离子难以向外快速扩散，且浸出反应释放大量的热，生成的热量亦无法快速传导，提升了局部反应速率，导致金属离子在局部区域过饱和，使硫酸盐析出并覆盖于未反应的矿石颗粒上，导致浸出反应难以进行彻底。机械力搅拌溶液促进了离子和热量的扩散，避免了硫酸盐的析出，提高了铬浸出率。当搅拌速度达到 300r/min 时，动力学条件已能满足反应需要，进一步提高搅拌速度，变化并不明显。

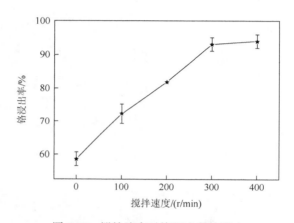

图 5.28　搅拌速度对铬浸出率的影响

因此，在本实验条件下采用 300r/min 的速度对溶液进行搅拌可满足离子和热量的扩散需要，保证铬铁矿的充分分解，避免硫酸盐的过饱和析出。

综合前面分析可知，硫酸盐的析出行为主要是由铬铁矿与酸解液反应界面的金属离子过饱和导致的。浸出温度过高、硫酸质量分数过大或动力学条件过差都将会导致硫酸盐的大量析出，影响铬铁矿的浸出效果，造成污染隐患。通过控制工艺条件，可以在保证较高的铬浸出率的同时避免硫酸盐的析出，实现铬铁矿高效处理的目的。

5.5　铬铁矿酸溶浸出动力学模型

动力学研究对铬铁矿酸溶浸出工艺的工业推广有极其重要的指导意义，但就研究现状而言，此领域的相关探索并不充分。本节采用铬铁矿粉，在前面所得合理工艺条件下进行实验研究，对铬铁矿硫酸浸出过程动力学行为进行深入分析和探讨。

收缩核模型是一种被普遍认可、用以描述矿石颗粒浸出的经典动力学模型[10, 11]。此模型在建立之初一直被用来解释隔离体系中气-固反应动力学行为,随着不断修正,现已成为固-液反应体系中的重要理论模型[12, 13]。针对是否有固相产物层产生,可将此模型细分为尺寸不变的收缩核模型(有固相产物层生成)和尺寸改变的收缩核模型(无固相产物层生成),后者也称为收缩颗粒模型,为方便区分,本书将借鉴此种命名。Safari 等[14]研究了含硅酸盐相矿石的硫酸浸出动力学,发现在浸出过程中有时会有胶状物产生,并附着在矿石颗粒表面,阻碍其与酸解液的充分接触,影响了矿石的充分分解。因此,他们用胶状层代替固相产物层,提出了收缩颗粒/核模型。此外,均相反应模型、颗粒模型、随机孔洞模型和均匀孔洞模型也在矿石浸出动力学研究中有所应用[15]。

Vardar 等[6]研究了南非铬铁矿在140~210℃内硫酸浸出2~6h 的动力学行为,并指出浸出过程符合尺寸不变的收缩核模型,其固相产物层由富硅相和富铬硫酸盐相组成,温度较低时由化学反应控制,温度较高时控制机理会发生变化,向扩散控制转变。

由前面可知,硅酸盐在浸出过程中转化为富硅相,富硅相的包裹作用可通过优化矿石颗粒尺寸予以消除,硫酸盐的析出可通过控制反应条件加以避免。因此,本节以标准收缩颗粒模型为基础,结合铬铁矿硫酸浸出特殊性对模型加以修正,使其充分反映浸出过程的真实状态,进而系统研究铬铁矿在适宜工艺条件下的硫酸浸出动力学。

5.5.1　模型推导

为标准化模型推导,本节假设尖晶石相与硅酸盐相在研磨过程中已彻底分离,忽略富硅相对尖晶石相的影响,认为尖晶石相的浸出动力学能够代表铬铁矿浸出动力学。如图 5.11 所示,尖晶石相在酸解液中的分解作用是通过腐蚀沟的形成与发展实现的。在此过程中,矿石颗粒的比表面积增大,改变了浸出效率,影响了收缩颗粒模型的使用。因此,为准确反映铬铁矿在硫酸浸出过程中的动力学行为,应将比表面积作为一个重要变量因素纳入动力学模型的建立中。为此,做如下假设和近似。

(1)浸出温度和溶液体积在浸出过程中视为不变。

(2)铬铁矿颗粒为球体且形状不变。

(3)沟状腐蚀在颗粒表面均匀分布。

(4)富硅相比表面积变化可被忽略。

(5)浸出过程中无硫酸盐析出。

基于以上假设和近似,修正的收缩颗粒模型如图 5.29 所示。

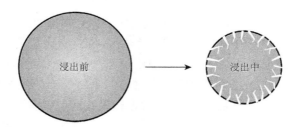

图 5.29　修正的收缩颗粒模型

由于没有固相产物层的形成，且动力学条件良好，假设浸出反应受界面化学反应控制。铬铁矿浸出率可表示为

$$-m_0 \frac{\mathrm{d}(1-\eta)}{\mathrm{d}t} = kS n_{(c)}^{n_c} C_{(H)}^{n_H} C_{(e)}^{n_e}$$　　　　（5-4）

式中，m_0 为初始铬铁矿质量（g）；t 为反应时间（min）；k 为单位表面积反应速率常数；S 为铬铁矿颗粒有效反应面积（cm^2）；$n_{(c)}$ 为任意时刻铬铁矿物质的量（mol）；n_c 为铬铁矿反应级数；$C_{(H)}$ 为任意时刻 H^+ 物质的量浓度（mol/cm^3）；n_H 为 H^+ 反应级数；$C_{(e)}$ 为任意时刻电子物质的量浓度（mol/cm^3）；n_e 为电子反应级数[16]；η 为铬铁矿转化率（数值上等同于铬浸出率）。

假设铬铁矿单位表面积上的反应物物质的量比符合反应计量系数，那么 $n_{(c)}$ 和 $C_{(e)}$ 可被 $\frac{1}{8}C_{(H)}$ 和 $\frac{b}{8}C_{(H)}$ 代替。因此，反应速率可表达为

$$-m_0 \frac{\mathrm{d}(1-\eta)}{\mathrm{d}t} = k'S C_{(H)}^{n}$$　　　　（5-5）

式中，

$$k' = \left(\frac{1}{8}\right)^{n_c} \left(\frac{b}{8}\right)^{n_e} k$$　　　　（5-6）

$$n = n_c + n_H + n_e$$　　　　（5-7）

其中，k' 为与 H^+ 有关的反应速率常数；n 为与 H^+ 有关的总反应级数。

采用 BET 分析方法对铬铁矿在不同浸出时间后的颗粒比表面积进行检测，并绘制其变化率与铬浸出率的关系图，如图 5.30 所示。由图 5.30 可知，颗粒比表面积变化率与铬浸出率近似成正比。忽略拟合直线与纵坐标的微小截距，两者关系可表示为

$$V = \frac{\Delta S_{BET}}{S_{BET,0}} = B\eta$$　　　　（5-8）

式中，ΔS_{BET} 为比表面积变化量（cm^2/g）；$S_{BET,0}$ 为铬铁矿粉初始比表面积（cm^2/g）；$B = 3.48$ 为拟合直线斜率。

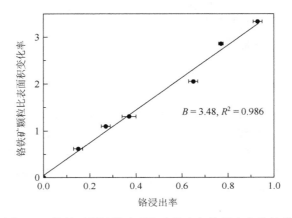

图 5.30　铬铁矿颗粒比表面积变化率与铬浸出率的关系

因此，任意时刻铬铁矿颗粒比表面积可表示为

$$S_{BET} = \frac{4\pi r_0^2}{m_0}(B\eta + 1)$$　　　　　　　（5-9）

式中，r_0 为铬铁矿颗粒初始半径（cm）。因此，任意时刻有效反应面积为

$$S = 4\pi r_0^2(1 - \eta)(B\eta + 1)$$　　　　　　　（5-10）

若反应为一级反应（$n = 1$）且视 $C_{(H)}$ 为常数，则将式（5-10）代入式（5-5）可得

$$-\frac{d(1 - \eta)}{dt} = K(1 - \eta)(B\eta + 1)$$　　　　　　　（5-11）

式中，K 为修正反应速率常数（min^{-1}）。

$$K = \frac{3k'C_{(H)}}{r_0\rho}$$　　　　　　　（5-12）

其中，ρ 为铬铁矿密度（g/cm^3），对式（5-11）积分可得

$$\frac{1}{1 + B}\ln\frac{1 + B\eta}{1 - \eta} = Kt \ (0 \leqslant \eta < 1)$$　　　　　　　（5-13）

5.5.2　模型拟合

1. 实验方法

将 1L 质量分数为 80% 的硫酸与 8g 氧化剂倒入置于电热套上的锥形瓶中，开

启搅拌器并加热。当溶液温度达到设定值时，将 100g 粒径小于 74μm 的南非铬铁矿粉加入锥形瓶中，并开始计时。在反应进行到 0min、5min、10min、15min、20min、30min、40min、50min、60min、70min、90min 和 120min 时分别用移液管量取 2mL 浸出液并用去离子水稀释，分别进行化学分析和 ICP-OES 检测，取平均值计算铬浸出率并将其作为铬铁矿转化率。

2. 实验结果

图 5.31 为不同浸出温度时铬铁矿转化率与浸出时间的关系。由图 5.31 可知，铬铁矿在 140℃下浸出 50min 后，其转化率仅为 46%左右；当浸出温度为 180℃时，转化率可达 96%。在各组实验中，转化率超过 94%后便无明显改变。因此，本实验将 94%视为反应终点，在 140～180℃内对铬铁矿的硫酸浸出结果与修正后的收缩颗粒模型进行拟合。

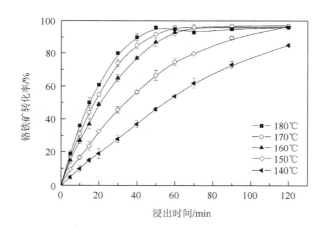

图 5.31 不同浸出温度时铬铁矿转化率与浸出时间的关系

当 $B = 3.48$ 时，式（5-13）可表示为

$$0.22\ln\frac{1+3.48\eta}{1-\eta} = Kt \tag{5-14}$$

若铬铁矿的浸出受界面化学反应控制，那么式（5-14）的左侧运算数值与反应时间 t 将呈线性关系。将图 5.31 中的实验值代入式（5-14）左侧，并对反应时间作图，如图 5.32 所示。图 5.32 中得到五条拟合度较高（$R^2 > 0.99$）的直线，证明了铬铁矿的硫酸浸出过程确实受界面化学反应控制，并且修正的收缩颗粒模型能够准确地对其浸出行为进行描述。

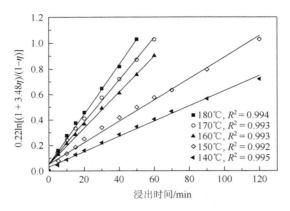

图 5.32　不同浸出温度时 $0.22\ln[(1+3.48\eta)/(1-\eta)]$ 与浸出时间的关系

图 5.32 中的斜率即修正反应速率常数 K 的值，可由阿伦尼乌斯（Arrhenius）方程表达为

$$K = A \exp\left(\frac{-E_a}{RT}\right) \quad\quad (5\text{-}15)$$

式中，A 为频率因子（$\mathrm{min^{-1}}$）；E_a 为反应活化能（J/mol）；R 为气体常数（$8.314\mathrm{J/(mol \cdot K)}$）；$T$ 为热力学温度（K）。因此，A 和 E_a 可由式（5-16）通过 K 和 T 进行计算：

$$\ln K = \ln A - \frac{E_a}{RT} \quad\quad (5\text{-}16)$$

图 5.33 给出了 $\ln K$ 与 $1/T$ 的关系，并得出 E_a 为 48.0kJ/mol。Sadrnezhaad[17] 指出，若反应活化能大于 40kJ/mol，那么此反应可被认为由化学反应速率控制，这也进一步证实了前面所得结论。

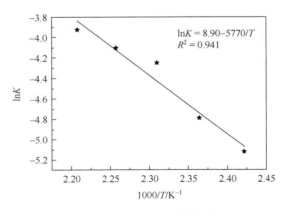

图 5.33　$\ln K$ 与 $1/T$ 的关系

5.6 铬铁矿硫酸浸出工艺优化

5.6.1 实验方法

1. 实验原料

以津巴布韦铬铁矿为原料，研磨筛分得到不同粒度的铬铁矿粉。将津巴布韦铬铁矿粉在烘箱中以 120℃烘干 3h 去除游离水，使用球磨机和玛瑙研钵将津巴布韦铬铁矿粉充分研磨成 74~149μm 和小于 74μm 两种粒度用于硫酸浸出，矿粉的化学成分分析见表 5.4，物相组成分析和 SEM-EDS 检测分析如图 5.34 和图 5.35 所示。

表 5.4　津巴布韦铬铁矿粉成分（单位：%）

成分	质量分数	成分	质量分数
MgO	6.4	Fe_2O_3	21.56
FeO	1.52	Al_2O_3	12.05
Cr_2O_3	45.95	SiO_2	2.8

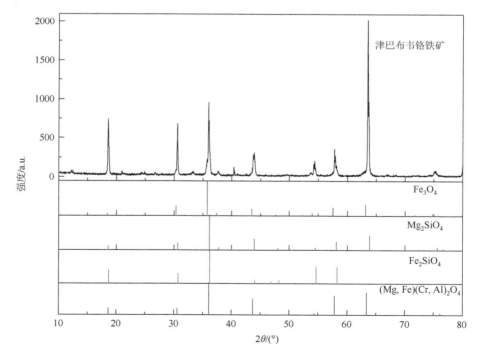

图 5.34　津巴布韦铬铁矿物相组成分析

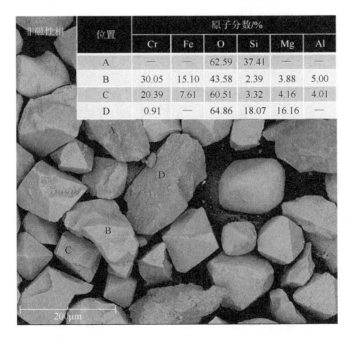

磁性相

位置	原子分数/%					
	Cr	Fe	O	Si	Mg	Al
A	38.46	16.56	35.18	—	3.94	5.86
B	36.80	32.06	28.37	2.77	—	
C	1.54	21.16	69.91	7.39	—	—
D	16.51	14.54	54.80	7.24	5.05	1.86

非磁性相

位置	原子分数/%					
	Cr	Fe	O	Si	Mg	Al
A	—	—	62.59	37.41	—	—
B	30.05	15.10	43.58	2.39	3.88	5.00
C	20.39	7.61	60.51	3.32	4.16	4.01
D	0.91	—	64.86	18.07	16.16	

图 5.35　铬铁矿磁选产物 SEM-EDS 图像

　　分析可知，铬铁矿主要由尖晶石相、橄榄石相和铁氧化物相组成。每个粉体颗粒包含不止一种物相,物相嵌布规律较为复杂。由磁选结果可以看出,Cr/Fe 较低的尖晶石相颗粒和铁氧化物颗粒具有较强的磁性,磁选处理可以起到提高矿石中 Cr/Fe 的作用。磁选余下的铬铁矿颗粒中 Cr/Fe 较高,表面多由硅酸盐相包裹,磁性较弱。除 Cr、Fe 以外,尖晶石中还存在 Mg、Al。铬铁矿中的二价金属元素(Mg^{2+}、Fe^{2+})和三价金属元素(Cr^{3+}、Fe^{3+}、Al^{3+})的物质的量比大于 $1:2$,可知大多二价金属元素位于尖晶石相中,剩余二价金属元素赋存在共伴生硅酸盐相中。

2. 实验步骤

将烘干和研磨后的铬铁矿粉在图 5.36 所示的实验装置中进行浸出实验。配制一定浓度的硫酸溶液并取 150mL 与一定质量氧化剂一起加入烧瓶中,开始升温和搅拌。当温度达到设定值时,取 10g 样品与调节好温度的硫酸溶液混合,油浴保温并以 250r/min 速度搅拌。使用温度计记录溶液温度变化,1h 后结束实验。抽滤定容滤液,检测 Cr^{3+}、Fe^{3+}浓度,烘干渣样,称重,记录质量变化。

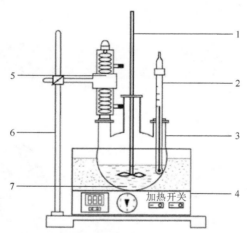

1-数显测速搅拌器;2-温度计;3-三口烧瓶;4-恒温数显油浴锅;5-冷凝管;6-铁架台;7-浓硫酸和铬铁矿粉

图 5.36　铬铁矿硫酸浸出实验装置图

3. 研究方案

响应面优化法是一种适用于求解非线性数据处理问题的条件优化方法,包括设计、建模、测试模型的适用性,以及寻求最佳的条件组合等许多实验和统计技术。通过建立回归拟合方程和响应面方程,可以方便地获得对应每个因子水平的响应值。上述特性符合铬铁矿粉在酸性体系溶液中浸出行为的研究要求,可用于设计和实验。

响应面设计（Box-Behnken design，BBD）实验是一种基于三级不完全因子设计的响应面优化方法，广泛应用于重要因子分析、光谱分析优化和色谱优化。本实验采用 BBD 原理设计实验，重点考察浸出温度、硫酸质量分数和氧化剂/铬铁矿三个变量对铬铁尖晶石中铬元素和铁元素释放行为的影响。BBD 实验点分布符合图 5.37 所示的规律，实验组数如下：

$$N = 2n(n-1) + C_0 \tag{5-17}$$

式中，N 为实验组数；n 为变量个数；C_0 为实验中心点重复次数。

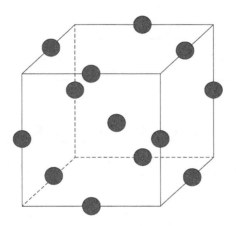

图 5.37　BBD 三因素实验点分布

本实验共设计 15 组实验，具体参数见表 5.5，浸出时间为 1h，粒度小于 74μm，搅拌速度为 250r/min。同时为探究铬铁矿粒度对铬浸出率和铁浸出率的影响，开展同条件下不同粒度的对照实验和空白实验，具体参数见表 5.6。

表 5.5　铬铁矿硫酸浸出 BBD 实验设计方案

编号	考察变量		
	硫酸质量分数/%	氧化剂/铬铁矿	浸出温度/℃
1	80（0）	0.1（+1）	140（−1）
2	90（+1）	0.08（0）	140（−1）
3	90（+1）	0.08（0）	180（+1）
4	80（0）	0.08（0）	160（0）
5	70（−1）	0.08（0）	140（−1）
6	70（−1）	0.1（+1）	160（0）
7	90（+1）	0.06（−1）	160（0）

续表

编号	考察变量		
	硫酸质量分数/%	氧化剂/铬铁矿	浸出温度/℃
8	80（0）	0.1（+1）	180（+1）
9	70（−1）	0.08（0）	180（+1）
10	90（+1）	0.1（+1）	160（0）
11	80（0）	0.06（−1）	140（−1）
12	70（−1）	0.06（−1）	160（0）
13	80（0）	0.08（0）	160（0）
14	80（0）	0.06（−1）	180（+1）
15	80（0）	0.08（0）	160（0）

注：括号内编码−1、0、+1分别表示低值、中值、高值。

表 5.6 铬铁矿硫酸浸出实验方案

编号	考察变量			
	硫酸质量分数/%	氧化剂/铬铁矿	浸出温度/℃	粒度/μm
17	90	0.08	140	74～149
18	90	0.08	180	74～149
空白	80	0	160	<74

铁离子的滴定方法如下：使用二苯胺磺酸钠作为指示剂，用重铬酸钾标液进行滴定。滴定前取滤液 10mL，定容至 100mL。取 5mL 待测溶液，加入 10mL 盐酸，加热至沸腾。热状态下加入氯化亚锡，溶液由浅黄色变为浅绿色，还原性较强的氯化亚锡会还原大部分 Fe^{3+}。加水至 100mL，充分冷却后，加入 2mL 钨酸钠溶液，加入 10mL 磷硫混酸，逐滴加入三氯化钛溶液，至溶液呈蓝色。利用还原性较弱的三氯化钛还原氯化亚锡未还原的 Fe^{3+}。加入 5 滴 $C_{12}H_{10}NNaO_3S$ 指示剂，逐滴加入硫酸铜溶液，使溶液变为浅黄，蓝色褪去，利用硫酸铜将多余的三氯化钛氧化。使用重铬酸钾标液滴定，记录体积 V_0。铁浸出率可表达为

$$R_{Fe} = \frac{V_0 \times C \times M_{Fe} \times n \times 6}{W_{TFe} \times m} \tag{5-18}$$

式中，R_{Fe} 为铁浸出率（%）；V_0 为重铬酸钾溶液滴定所用体积（mL）；C 为标定后重铬酸钾溶液的浓度（mol/L）；M_{Fe} 为铁元素的相对原子质量；n 为稀释倍数；W_{TFe} 为铬铁矿中全铁的质量分数（%）；m 为所用铬铁矿粉的质量（g）。

Cr^{3+} 的滴定方法如下：使用钒试剂作为指示剂，用硫酸亚铁铵标液进行滴

定。滴定前取一定量滤液，稀释 10 倍后取 5mL 于锥形瓶中。加 10mL 硫磷混酸、8 滴硝酸银溶液、1mL 硫酸锰溶液、25mL 的 $(NH_4)_2S_2O_8$ 溶液，摇匀。加热到溶液变为紫红色，这时 Cr^{3+} 和 Fe^{2+} 都被氧化成高价态。煮沸 10min，分解过量的 $(NH_4)_2S_2O_8$，取下稍冷。加入 5mL 氯化钠溶液，微沸 5min，除尽氯气，取下迅速冷却。加入 3 滴钒试剂，用硫酸亚铁铵标液滴定，记录体积 V_1。铬浸出率可表达为

$$R_{Cr} = \frac{(V_1 \times C_1 \times M_{Cr} \times n) - (W_{Cr} \times m_{CrO_3})}{3 \times W_1 \times m}$$

（5-19）

式中，R_{Cr} 为铬浸出率（%）；V_1 为硫酸亚铁铵溶液滴定所用体积（mL）；C_1 为标定后重铬酸钾溶液的浓度（mol/L）；M_{Cr} 为铬元素的相对原子质量；W_{Cr} 为氧化剂中铬的质量分数（%）；m_{CrO_3} 为氧化剂用量（g）；n 为稀释倍数；W_1 为铬铁矿中 Cr_2O_3 的质量分数（%）；m 为所用铬铁矿粉的质量（g）。

5.6.2　实验结果分析与讨论

基于 BBD 模型设计的 15 组不同条件下铬铁矿浸出 1h 后铬浸出率和铁浸出率见表 5.7。由表 5.7 可得，铁浸出率为 57%~88%，铬浸出率为 33%~80%，相同条件下铁浸出率大于铬浸出率。

表 5.7　基于 BBD 模型设计的铬铁矿硫酸浸出实验方案与结果

编号	考察变量			R_{Fe}/%	R_{Cr}/%
	硫酸质量分数/%	氧化剂/铬铁矿	浸出温度/℃		
1	80	0.1	140	62.15	48.84
2	90	0.08	140	57.29	45.53
3	90	0.08	180	58.26	49.08
4	80	0.08	160	72.83	50.19
5	70	0.08	140	60.69	35.85
6	70	0.1	160	78.90	49.63
7	90	0.06	160	61.90	49.08
8	80	0.1	180	87.40	79.97
9	70	0.08	180	84.97	51.84
10	90	0.1	160	58.26	56.25
11	80	0.06	140	60.69	46.33
12	70	0.06	160	65.54	33.64
13	80	0.08	160	75.25	55.15
14	80	0.06	180	70.40	51.29
15	80	0.08	160	77.69	61.22

1. 铬离子

由表 5.7 实验数据处理分析可得，铬离子释放模型为

$$R_{Cr} = 55.52 + 3.62A + 6.82B + 6.92C - 2.20AB - 3.11AC$$
$$+ 6.48BC - 9.73A^2 + 1.36B^2 - 0.21C^2 \tag{5-20}$$

式中，A 为硫酸质量分数（%）；B 为氧化剂/铬铁矿；C 为浸出温度（℃）。由式（5-20）可知，A、B、C、BC 和 B^2 的系数为正，表明它们与铬离子的释放成正相关；AB、AC、A^2 和 C^2 的系数为负，表明它们与铬离子的释放成负相关。本模型二次方差分析见表 5.8。

表 5.8　铬离子释放模型二次方差分析

项目	df	离差平方和	均方	F 值	p 值
模型	9	1453.96	161.55	6.14	0.0298
A	1	104.98	104.98	3.99	0.1022
B	1	372.51	372.51	14.16	0.0131
C	1	383.51	383.51	14.58	0.0124
AB	1	19.45	19.45	0.74	0.4291
AC	1	38.69	38.69	1.47	0.2793
BC	1	168.09	168.09	6.39	0.0526
A^2	1	349.65	349.65	13.3	0.0148
B^2	1	6.84	6.84	0.26	0.6317
C^2	1	0.17	0.17	0.0064	0.9393
残差	5	131.49	26.3	—	
失拟	3	70.45	23.48	0.77	0.6078
纯差	2	61.04	30.52	—	
总变异	14	1585.45		—	—

由表 5.8 可知，模型 F 值（显著性检验得到的 F 统计量）为 6.14，表明该模型是有意义的，实验设计可靠，能真实地反映实际情况。p 值代表因素的显著性水平。p 值 <0.0500 表明此因素为模型的关键控制因素，作用显著；p 值 >0.1000 表明此模型因素影响不显著。模型 p 值为 0.0298，说明模型影响显著且可信。观察其余模型 p 值可知，B、C、A^2 为模型的显著控制因素，而 A、AB、AC、B^2、C^2 对模型影响不显著。影响的显著性排序为 C（浸出温度）>B（氧化剂/铬铁矿）>A（硫酸质量分数）。方程的交互项 AB、BC 和 AC 的 p 值均大于 0.05，表明交互项对铬浸出率的影响不显著，三个因素无交互作用。

铬浸出率实际值和式（5-20）的浸出率预测值比较如图 5.38 所示。

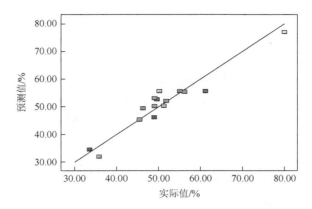

图 5.38　铬浸出率实际值和预测值的比较关系

由图 5.38 可看出，浸出率实际点和预测线较为接近 45°线，即模型对于预测铬浸出率结果较为可信，实际值与预测值较为吻合。基于模型每一项的平方和，得出线性项、交互项和二次项对响应面的总贡献，如图 5.39 所示。线性项有最高的显著性，总贡献为 59.63%；交互项和二次项分别贡献了 15.67% 和 24.7%，说明这两个组分影响不如线性项影响显著。

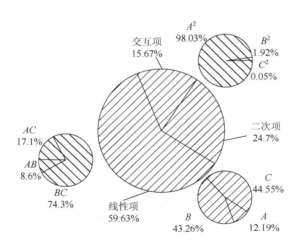

图 5.39　铬浸出率的每一项总贡献占比图

图 5.40 为铬浸出率的响应面模型三维图，将某个参数保持在中间水平，可直观反映另两个实验条件对响应值的影响。从图 5.40（a）中可以看出，铬浸出率随着氧化剂/铬铁矿的升高而升高，并且随着硫酸质量分数在 70%～90% 内呈抛物线形变化，硫酸质量分数为 80% 左右是最适浸出浓度。当硫酸质量分数和浸出温度过高时，在渣中会有含铬硫酸盐，造成铬损失，影响浸出渣的回收利用。从图 5.40（b）

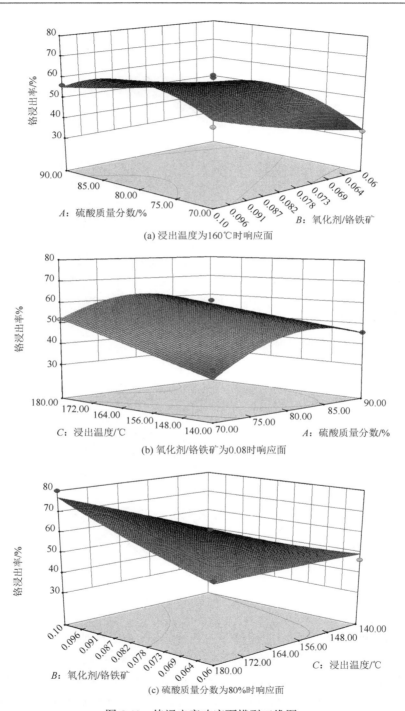

图 5.40　铬浸出率响应面模型三维图

中可以看出，随浸出温度升高，铬浸出率显著升高，在 180℃下硫酸质量分数趋近 80%时铬浸出率最高，浸出温度对铬浸出率的影响最为显著；在 140℃下铬浸出率较低，仅为 30%左右。由以上分析可知，随着浸出温度的升高、氧化剂/铬铁矿升高，铬浸出率升高，当硫酸质量分数趋于 80%时最有利于铬离子的释放。

2. 铁离子

由表 5.7 实验数据处理分析可得，铁离子释放模型为

$$R_{Fe} = 75.26 - 6.80A + 3.52B + 7.53C - 4.25AB - 5.83AC$$
$$+ 3.88BC - 6.98A^2 - 2.12B^2 - 2.97C^2 \qquad (5\text{-}21)$$

式中，A 为硫酸质量分数（%）；B 为氧化剂/铬铁矿；C 为浸出温度（℃）。由式（5-21）可知，B、C 和 BC 的系数为正，表明它们与铁离子的释放成正相关；A、AB、AC、A^2、B^2 和 C^2 的系数为负，表明它们与铁离子的释放成负相关。

铁离子释放模型二次方差分析见表 5.9，模型 F 值为 20.8，说明该模型是有意义的，能真实可靠地反映实际情况。缺省实验 p 值为 0.4341，失拟度不显著，表明所有实验点均能用于模型描述。模型 p 值为 0.0019，说明模型影响显著且可信。观察其余模型 p 值可知，A、B、C、AB、AC、BC、A^2 为模型的显著控制因素，B^2 对模型影响不显著。影响的显著性排序为 C（浸出温度）＞A（硫酸质量分数）＞B（氧化剂/铬铁矿）。方程的交互项 AB、AC 和 BC 的 p 值均小于 0.05，表明三个因素均有交互作用。

表 5.9 铁离子释放模型二次方差分析

项目	df	离差平方和	均方	F 值	p 值
模型	9	1400.15	155.57	20.8	0.0019
A	1	369.78	369.78	49.45	0.0009
B	1	99.26	99.26	13.27	0.0149
C	1	453.16	453.16	60.59	0.0006
AB	1	72.25	72.25	9.66	0.0266
AC	1	135.84	135.84	18.16	0.008
BC	1	60.37	60.37	8.07	0.0362
A^2	1	180	180	24.07	0.0045
B^2	1	16.67	16.67	2.23	0.1957
C^2	1	32.62	32.62	4.36	0.0911
残差	5	37.39	7.48	—	—
失拟	3	25.58	8.53	1.44	0.4341
纯差	2	11.81	5.9	—	—
总变异	14	1437.54	—	—	—

铁浸出率实际值和式（5-21）的浸出率预测值的残差图如图 5.41 所示。

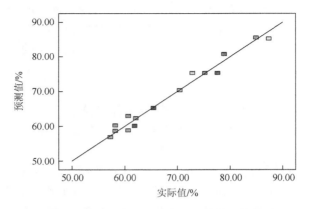

图 5.41 铁浸出率实际值和预测值的比较关系

由图 5.41 可看出，浸出率实际点和预测线较为接近 45°线，即模型对于预测铁浸出率结果较为可信，实际值与预测值较为吻合。基于模型每一项的平方和，得出线性项、交互项和二次项对响应面的总贡献，如图 5.42 所示。线性项有最高的显著性，总贡献为 64.94%；交互项和二次项分别贡献了 18.91% 和 16.15%，说明这两个组分影响不如线性项影响显著。

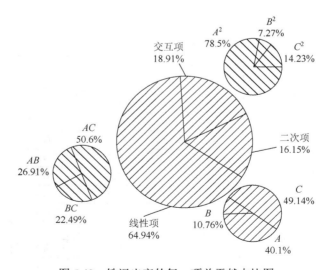

图 5.42 铁浸出率的每一项总贡献占比图

图 5.43 为铁浸出率的响应面模型三维图。从图 5.43（a）中可以看出，在硫酸质量分数较低时，铁浸出率随着氧化剂/铬铁矿的升高而升高，并且随着硫酸质

量分数在 70%～90%内呈抛物线形变化，但铁浸出率随氧化剂/铬铁矿升高的速率没有铬浸出率显著。从图 5.43（b）中可以看出，随浸出温度升高，铁浸出率显著升高，浸出温度对于铁浸出率的影响最为显著。

　　当氧化剂/铬铁矿为 0.06 时，浸出温度对铁浸出率无显著影响。同样地，在 140℃下，氧化剂用量对铁浸出率无明显影响，这是由于浸出温度较低，尖晶石结构不易破坏，如图 5.43（c）所示。根据式（5-21）和图 5.43 可知，随着浸出温度的升高，氧化剂/铬铁矿升高，铁浸出率升高。当硫酸质量分数趋于 80%最有利于铁离子的释放。

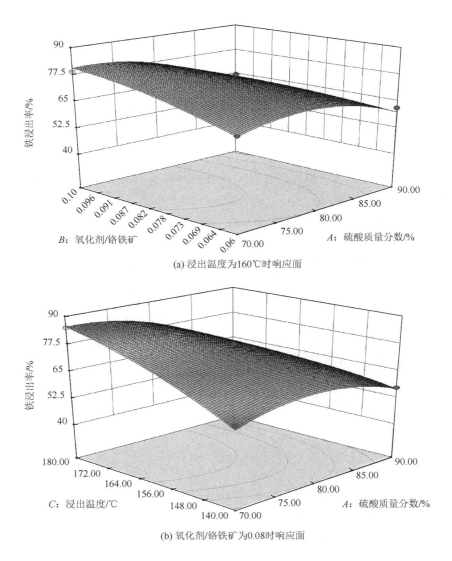

(a) 浸出温度为160℃时响应面

(b) 氧化剂/铬铁矿为0.08时响应面

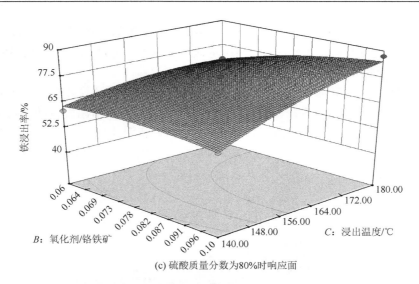

(c) 硫酸质量分数为80%时响应面

图 5.43　铁浸出率响应面模型三维图

3. 模型验证

根据所建立的铬、铁离子释放模型可得出两种离子的最佳浸出条件及此条件下的计算值，见表 5.10。铬、铁离子浸出的最优条件相同：硫酸质量分数为 81.52%，氧化剂/铬铁矿为 0.10，浸出温度为 180℃。此条件与表 5.5 中编号 8 的实验条件基本一致，故编号 8 为预测条件的验证实验，其实验参数见表 5.10。比较可得，铬浸出率、铁浸出率实际值和预测值相差不大，说明最佳浸出条件的预测值与实际值较为吻合，证明了模型的准确性和可用性。

表 5.10　模型预测最佳条件及验证实验

预测	硫酸质量分数/%	氧化剂/铬铁矿	浸出温度/℃	R_{Fe}/%	R_{Cr}/%
Cr 离子最优预测	81.52	0.10	180	—	76.41
Fe 离子最优预测	81.52	0.10	180	82.36	—
编号 8	80.00	0.10	180	87.40	79.97

5.7　本章小结

本章分别使用铬铁矿块和铬铁矿粉为对象，研究了各物相在硫酸浸出过程中的转变行为、物相之间的相互影响、氧化剂对铬铁矿分解的作用机理和硫酸盐的析出原因及避免方式，从而明确了铬铁矿的硫酸浸出机理，制定了合理的浸出工艺制度，建立了能够表征铬铁矿硫酸浸出过程的动力学模型。在本实验条件下，所得主要结论如下。

（1）适宜的铬铁矿硫酸浸出工艺条件如下：铬铁矿粉粒度小于 74μm，浸出温度为 160℃，浸出时间为 60min，硫酸质量分数为 80%，氧化剂/铬铁矿为 0.08，搅拌速度为 300r/min。在此条件下，铬浸出率可达 93%。

（2）在铬铁尖晶石相内部，腐蚀优先发生于晶界处，以裂纹方式产生并逐渐发展为沟壑状。由于晶格中 Fe^{2+} 被氧化剂氧化，降低了尖晶石相稳定性，促进铬铁矿的分解。四种金属离子由于尖晶石结构的破坏而同步向溶液中释放，未发现特定离子的优先浸出。

（3）硅酸盐相在硫酸浸出过程中转变为非晶态富硅相，对其包裹下的尖晶石相浸出起到了一定的阻碍作用，此不利影响可以通过调整铬铁矿粉粒度得到明显改善。

（4）铬铁矿硫酸浸出过程中硫酸盐析出的主要原因是离子局部过饱和。导致此现象的主要因素有浸出温度过高、硫酸质量分数过高和反应动力学条件过差。通过工艺优化，硫酸盐析出现象可以有效避免，浸出渣中主要为非晶态富硅相和未反应尖晶石相。

（5）通过对传统收缩核模型进行修正，建立的可以精确描述铬铁矿硫酸浸出过程的动力学方程为 $\frac{1}{1+B}\ln\frac{1+B\eta}{1-\eta}=Kt$（$0\leqslant\eta<1$），其中，$B=3.48$，反应活化能为 48.0kJ/mol，浸出过程受化学反应速率控制。

（6）借助 BBD 响应面优化法，研究了不同参数对铬浸出率、铁浸出率的交互影响，并建立了可以表征离子释放行为的预测模型。

参 考 文 献

[1] 史培阳，刘素兰. 铬铁矿硫酸浸出试验研究[J]. 中国稀土学报，2002，20（9）：472-474.

[2] 纪柱. 铬铁矿酸溶生产三价铬化合物[J]. 无机盐工业，2012，44（12）：1-5.

[3] Geveci A，Topkaya Y，Ayhan E. Sulfuric acid leaching of Turkish chromite concentrate[J]. Minerals Engineering，2002，15（11）：885-888.

[4] Vardar E. Acid leaching of chromite [D]. Johannesburg：University of the Witwatersrand，1993.

[5] Shi P Y，Liu C J，Zhao Q，et al. Study on mechanisms of different sulfuric acid leaching technologies of chromite[J]. International Journal of Minerals，Metallurgy，and Materials，2017，24（9）：983-990.

[6] Vardar E，Eric R H，Letowski F K. Acid leaching of chromite[J]. Minerals Engineering，1994，7（5-6）：605-617.

[7] 高占博. 铬铁矿硫酸浸出新工艺的实验研究[D]. 沈阳：东北大学，2009.

[8] Liu C J，Qi J，Jiang M F，et al. Experimental study on sulfuric acid leaching behavior of chromite with different temperature[J]. Advanced Materials Research，2012，361-363：628-631.

[9] 刘承军，史培阳. 硫酸加入量对铬铁矿硫酸浸出行为的影响[J]. 工业加热，2011，40（3）：59-61.

[10] Beolchini F，Papini M P，Toro L，et al. Acid leaching of manganiferous ores by sucrose: Kinetic modelling and

related statistical analysis[J]. Mineral Engineering，2001，14（2）：175-184.

[11]　Vegliò F，Trifoni M，Pagnanelli F，et al. Shrinking core model with variable activation energy：A kinetic model of manganiferous ore leaching with sulphuric acid and lactose[J]. Hydrometallurgy，2001，60（2）：167-179.

[12]　Liddell K C. Shrinking core models in hydrometallurgy：What students are not being told about the pseudo-steady approximation[J]. Hydrometallurgy，2005，79（1-2）：62-68.

[13]　Mgaidi A，Jendoubi F，Oulahna D，et al. Kinetics of the dissolution of sand into alkaline solutions：Application of a modified shrinking core model[J]. Hydrometallurgy，2004，71（3-4）：435-446.

[14]　Safari V，Arzpeyma G，Rashchi F，et al. A shrinking particle-shrinking core model for leaching of a zinc ore containing silica[J]. International Journal of Mineral Processing，2009，93（1）：79-83.

[15]　Liu K，Chen Q Y，Yin Z L，et al. Kinetics of leaching of a Chinese laterite containing maghemite and magnetite in sulfuric acid solutions[J]. Hydrometallurgy，2012，125-126：125-136.

[16]　Yoshioka T，Motoki T，Okuwaki A. Kinetics of hydrolysis of poly(ethylene terephthalate) powder in sulfuric acid by a modified shrinking-core model[J]. Industrial & Engineering Chemistry Research，2001，40（1）：75-79.

[17]　Sadrnezhaad S K. Kinetic Process in Materials Engineering and Metallurgy[M]. Tehran：Amri Kabir Publication Organization，2004.

第6章 铬铁分离方法研究

6.1 元素分离技术

铬铁矿硫酸浸出液中含有的主要金属离子为 Cr^{3+}、Fe^{2+}、Fe^{3+}、Mg^{2+} 和 Al^{3+}。其中，铁元素含量仅次于铬元素，且对铬盐产品性能有极大危害，是浸出液中主要的杂质离子。但由于离子半径相近使两种金属的诸多性质非常相似，溶液体系中铁的分离与去除异常困难。另外，铬铁矿酸溶浸出工艺在近些年才得到科研工作者的关注与重视，因此关于浸出工序后酸性体系中铬与铁的分离研究鲜有报道。

6.1.1 铁分离技术

目前在溶液体系中普遍使用的铁离子分离方法主要有针铁矿法、草酸法、萃取法、离子交换法、黄铁矾法、赤铁矿法。

1. 针铁矿法

针铁矿法是一个涉及一系列复杂的气-固-液三相反应、形核结晶、晶体聚合等多个相互耦合的物理与化学过程[1]。通过调整溶液的 H^+ 浓度，使 Fe^{3+} 水解并析出针铁矿（通常为 α-FeOOH）晶体，然后通过聚合长大形成无机高聚物[α-FeOOH]$_n$，从溶液中沉淀析出，实现与其他金属离子分离的目的。

Kandori 等[2]研究指出，为确保 Fe^{3+} 以结晶良好的针铁矿形态析出，溶液中 Fe^{3+} 浓度需要维持在较低水平，且溶液 pH≤1.5。在 Fe^{3+} 浓度高且 pH＞1.5 的硫酸溶液中，Fe^{3+} 倾向于以黄铁矾的形式析出。因此，通常的做法是先将溶液中的 Fe^{3+} 还原为 Fe^{2+}，然后在针铁矿法除铁的过程中缓慢氧化溶液中的 Fe^{2+}，保证溶液中 Fe^{3+} 浓度维持在较低水平，使其以针铁矿的形式析出。研究者对针铁矿形成的影响因素进行了全面的考察，得出 Fe^{3+} 的形成速度、反应温度和溶液 pH 是影响除铁效果的关键因素[3, 4]。与其他铁氢氧化物相比，针铁矿晶体结晶颗粒较大，容易过滤，且所得产物能够作为颜料、催化剂[5, 6]和吸附剂[7, 8]等使用，因此针铁矿法广泛应用于酸性体系中铁元素的分离提取。

Ristić 等[9]观察了除铁过程中针铁矿的结晶行为，认为 α-FeOOH 起初以球状颗粒析出，并随着时间的推移形成中空结构。由于水解反应呈动态平衡，在结晶生长过程中，细小的 α-FeOOH 晶体会溶解到溶液中，促进了 α-FeOOH 晶体的垂直生长，从而令 α-FeOOH 晶体最终以针状形态存在[10]。然而，在针铁矿法除铁过程中，部分金属离子会随着针铁矿晶体一同进入沉淀，且这部分金属离子很难通过水或弱酸的洗涤进行回收，导致共存离子的损失，降低了针铁矿副产品的纯度[11]。针铁矿法在炼锌工业[12, 13]、炼铌工业[14]和工业废弃物综合利用[15, 16]领域应用广泛。

2. 草酸法

草酸羧基中的氧有孤对电子，它能够与溶液中 Fe^{2+} 空轨道结合，形成草酸亚铁微溶物，从而能够实现铁与其他元素分离的目的[17]。该工艺流程简单，条件温和，且得到的草酸亚铁作为富铁料在冶金和化工领域极具应用价值[18]。因此，学者就反应条件对除铁效果的影响进行了大量的研究工作。Taxiarchou 等[19]研究得出，草酸亚铁的析出量随溶液温度的升高而增大，在 90～100℃内进行除铁实验时除铁效果最为理想。另外，溶液 pH 对于草酸亚铁的析出行为也有重要的影响。当 pH 过低时，草酸电离受到抑制，溶液中 $H_2C_2O_4$ 分子大量存在。pH 过高将导致溶液中 $C_2O_4^{2-}$ 为主要的离子，容易与草酸亚铁沉淀进一步络合形成可溶性草酸盐并重新进入溶液体系中，导致除铁率降低[20, 21]。

3. 萃取法

萃取法是利用不同元素在不互溶的溶剂间具有的不同溶解性，将原料中的特定元素分离提取的方法。铬铁矿硫酸浸出后所得浸出液为高酸度硫酸体系溶液，因此应选用酸性萃取剂。酸性萃取剂包括酸性磷氧型萃取剂、羧酸类萃取剂及酸性含氧型萃取剂，共有的特点为萃取剂是有机弱酸，被萃取物为金属阳离子，萃取机理均为阳离子交换。

萃取工艺包括萃取和反萃取两大主要工序。许多萃取体系存在难以反萃的问题，这是决定萃取除铁在特定工业环境中适用性的关键因素之一。目前针对该问题的研究多从反萃剂入手，但效果并不显著。此外，酸性有机萃取剂是通过官能团上的 H^+ 与水相中金属阳离子进行离子交换的，因此在萃取过程中萃取剂分子会不断向溶液释放 H^+，使水相中的酸度不断升高，影响萃取效果。为保持萃取反应在相对稳定的 pH 体系中进行，生产中常采用皂化的方法先将部分萃取剂转化为钠盐或铵盐，在随后的萃取过程中，水相中的金属离子与皂化后萃取剂的 Na^+ 或 NH_4^+ 相互置换，Na^+ 或 NH_4^+ 进入水相，使水相的酸度保持在相对稳定的范围，保证了萃取的顺利进行。刘安昌和贾丽慧[22]证明有机萃取法能够有效分离铬盐中的 Fe^{3+}，是一种具有应用空间的除杂工艺。

4. 离子交换法

离子交换法是利用多孔材料[23]或离子交换树脂[24]将溶液中的某种特定离子选择性地交换到载体上,从而与其他离子分离的方法。这种交换作用主要由载体对离子的不同亲和力、载体尺寸和反应温度等因素决定。离子的传质扩散是决定离子交换的速度控制环节[25]。离子交换法由于具有分离效率高、离子交换树脂可再生循环使用等优点,目前已在污水处理、铀提取和纯化、贵金属提取、稀有及稀土金属元素提取和分离等方面获得大规模工业应用。近些年,研究者将离子交换法拓展到纳米材料和生物技术领域,并成功地从废水中回收了 Ag^+、Cu^{2+} 和 Fe^{3+} 等有价元素[26-28]。然而,由于铬铁矿浸出液中 Cr^{3+} 与 Fe^{3+} 的离子半径和所带电荷相近,常规多孔材料并不能对两种金属阳离子进行高效的分离。因此,探索离子交换树脂上负载相成为离子交换法能否在铬铁矿浸出液除杂工艺中应用的关键。

5. 黄铁矾法

黄铁矾法应用于硫酸体系酸性溶液,是使 Fe^{3+} 在较高温度和有碱金属或 NH_4^+ 存在的条件下,从溶液中缓慢形成黄铁矾晶体而与可溶性物质分离的方法[29]。黄铁矾晶体结晶性能较好,在水中溶解度较低(其中钾矾溶解度最低),易于过滤洗涤,在自然条件下稳定性强,并且制得的黄铁矾可以在 225℃ 下转化为赤铁矿和硫酸产品,它们可作为二次资源在冶金领域使用[30]。因此,黄铁矾法是一种工业中常用的铁离子分离方法。黄铁矾的分子式通常可以表达为 $A_2O \cdot Fe_2O_3 \cdot 4SO_3 \cdot 6H_2O$、$AFe_3(SO_4)_2(OH)_6$ 或 $A_2[Fe_6(SO_4)_4(OH)_{12}]$,其中,A 代表一价阳离子或离子团,既可以是 K^+、Na^+、NH_4^+,也可以是 Rb^+、Ag^+ 或 H_3O^+ 等。

络离子配位数是由中心离子 R^+ 和配位体 R^- 的半径比决定的。若 $R^+/R^- \geq 0.41$,则络合物配位数为 6 并形成正八面体;若 $R^+/R^- < 0.41$,则配位数为 4 并形成四面体。对于水溶液体系中的 Fe^{3+},$r_{Fe^{3+}} = 0.067nm$、$r_{H_2O} = 0.16nm$,故 $r_{Fe^{3+}}/r_{H_2O} \approx 0.42 > 0.41$,因此 Fe^{3+} 在水溶液中以 $[Fe(H_2O)_6]^+$ 八面体的形式存在。从结构化学的观点来看,黄铁矾用 $A_2[Fe_6(SO_4)_4(OH)_{12}]$ 表达比较恰当,它可以描述晶体结构中每个斜方单位所包含的质点数,同时反映了有关质点的具体组成,在这种结构中,Fe^{3+} 的配位数为 6,其中 4 个配位体为 OH^-,另外 2 个配位体则为 SO_4^{2-} 中的 O^{2-}。在黄铁矾的化学组成中,Fe^{3+} 与 SO_4^{2-} 的物质的量比很大(1.5),因而它属于碱式盐而不是正盐,可在溶液 pH 较大和 SO_4^{2-} 较少的条件下形成,并看作氢氧化物向硫酸盐过渡的中间产物。

黄铁矾法除铁反应为

$$3Fe_2(SO_4)_3 + 12H_2O + A_2SO_4 \Longrightarrow A_2[Fe_6(SO_4)_4(OH)_{12}] \downarrow + 6H_2SO_4 \quad (6-1)$$

由反应（6-1）可看出，黄铁矾生成过程中溶液 pH 会下降。Kaksonen 等[31]研究指出，黄铁矾生成的 pH 为 1.5～2.5，因此要使黄铁矾在相对稳定 pH 的溶液中持续析出，必须用碱性物质中和黄铁矾在生成过程中产生的酸。

黄铁矾生成的必要条件是溶液中必须有 Na^+、K^+ 或 NH_4^+ 等离子，其在溶液中的含量对于黄铁矾的沉淀形式有重要影响[32]。一般而言，一价阳离子的加入量必须满足化学式 $AFe_3(SO_4)_2(OH)_6$ 所规定的原子比，即 A 与 Fe 物质的量之比≥1/3方能取得好的除铁效果。不同种类和数量的一价阳离子除铁效果不同，其中 K^+效果最好。若溶液中没有足够的碱金属阳离子存在，则 Fe^{3+} 有可能和 H^+ 或 H_3O^+生成草黄铁矾[33]，反应为

$$3Fe_2(SO_4)_3 + 14H_2O = (H_3O)_2[Fe_6(SO_4)_4(OH)_{12}]\downarrow + 5H_2SO_4 \quad (6-2)$$

草黄铁矾的沉降性能和过滤性能都不如黄铁矾理想，因此在实际操作中常要避免草黄铁矾的生成。

6. 赤铁矿法

赤铁矿法是使硫酸溶液中的 Fe^{3+} 主要以赤铁矿（Fe_2O_3）形态沉淀除去的方法。该方法于 1972 年在日本饭岛电锌厂获得工业应用。Fe^{3+} 水解成赤铁矿的过程必须在高温高压下进行，其除铁率通常大于 90%。赤铁矿渣沉降性能和过滤性能好，铁质量分数高达 58%～67%。

在 $Fe_2O_3\text{-}SO_4^{2-}\text{-}H_2O$ 体系内，当硫酸铁浓度较高且溶液酸度较高时，将温度控制在 185～200℃，溶液中的 Fe^{3+} 便水解成黄色的碱式硫酸铁沉淀，反应为

$$Fe_2(SO_4)_3 + 2H_2O = 2Fe(OH)SO_4 \downarrow + H_2SO_4 \quad (6-3)$$

当溶液酸度低时，溶液中的 Fe^{3+} 便水解生成赤褐色的 Fe_2O_3 沉淀，反应为

$$Fe_2(SO_4)_3 + 3H_2O = Fe_2O_3 \downarrow + 3H_2SO_4 \quad (6-4)$$

铬铁矿酸溶浸出工艺中所用硫酸质量分数较高，硫酸用量较大，酸浸后浸出液处于强酸性环境。赤铁矿法为一种低酸度体系中 Fe^{3+} 的去除方法，需要向浸出液中加入大量碱溶液达到除铁所需高 pH 环境，此时溶液中的 Cr^{3+} 易于水解形成沉淀并与赤铁矿一同进入析出相，影响铬与铁的分离程度。此外，赤铁矿在沉淀过程中会在表面吸附其他离子，导致浸出率的损失[34]。因此，赤铁矿法并不适用于铬铁矿酸溶浸出工艺。

6.1.2　铬分离技术

铬铁矿浸出液中所有铬元素均以 Cr^{3+} 的形式存在。若要选择性地分离出 Cr^{3+}，一方面，可以通过将铬铁矿浸出液中的有害杂质逐一进行去除，达到 Cr^{3+} 富集的

目的，实现高纯度铬盐产品的制备[35]；另一方面，可以将 Cr^{3+} 从浸出液中选择性地提取出来，与杂质离子相分离。一直以来，铬盐的生产思路是通过碱性氧化铬铁矿生成 Cr^{6+} 中间产物来实现铬的提取分离，因此针对酸性溶液中 Cr^{3+} 分离的研究并不多见。

Ölmez[36]使用电絮凝法首先将溶液中的 Cr^{6+} 还原为 Cr^{3+}，然后通过调整溶液 pH 使 Cr^{3+} 以氢氧化物的形式沉降下来。但在 Cr^{3+} 沉降之前并没有进行铁氢氧化物的分离操作，FeOOH 和 $Fe(OH)_3$ 在此过程中吸附了大量 Cr^{3+}，导致铬和铁在后续操作中难以分离，虽达到了废水解毒的目的，却没能实现铬元素的高效回收利用。

Chang 等[37]使用 S, S-乙二胺二琥珀酸（S, S-ethylene diamine disuccinic acid，S,S-EDDS）螯合剂从铬化砷酸铜（chromated copper arsenate，CCA）处理的废木料中提取了 Cr^{3+}。研究表明，在 75℃下，0.1mol/L 的 S,S-EDDS 与 pH 为 4 的浸出液反应 6h 能够提取约 63%的 Cr^{3+}。在室温下进行长时间反应（大于 30d）能够回收几乎所有的 Cr^{3+}。除此之外，氮三乙酸（nitrilotriacetic acid，NTA）、乙二胺四乙酸（ethylene diamine tetraacetic acid，EDTA）[38]和木醋酸[39]等也能够作为提取 Cr^{3+} 的螯合剂。然而此类有机物对于 Fe^{3+}、Cr^{3+}、Al^{3+} 的提取能力尚未见报道。

Cui 等[40]对硅胶进行了化学改性，首先将之与胺类有机物进行键合，然后使其与对二甲氨基苯甲醛反应合成吸附剂，用于 ICP-OES 检测。研究指出，将含 Cr^{3+} 溶液 pH 调整到 3 以上，与改性后的硅胶吸附剂混合 15min，约 96%的 Cr^{3+} 能够被吸附剂吸附，且脱附率近乎 100%。但与此同时，溶液中的其他离子如 Cu^{2+}、Ni^{2+}、Pb^{2+} 和 Zn^{2+} 也有同样的吸附效果，证明此类吸附剂对于金属阳离子的吸附选择性不高。

Wionczyk 和 Apostoluk[41, 42]报道了季铵盐类化合物在含铝溶液中萃取 Cr^{3+} 的研究，认为此类萃取剂可以普遍应用于酸性和碱性体系，并且 Cr^{3+} 萃取率可达 99%以上。通过控制萃取条件，Cr^{3+} 和 Al^{3+} 可以逐一地从溶液中提取出来。研究还指出，影响萃取效果的主要因素为溶液中金属离子的浓度，陈化时间、水相中的 Cr^{3+} 初始浓度和有机相中萃取剂浓度也会有一定影响[43]。有机相中结合的 Cr^{3+} 可以被稀硫酸反萃进入水相，萃取剂可在此过程中再生并反复利用[44]。

6.1.3　镁、铝等分离技术

镁元素在海水体系中大量存在，因此海水处理领域有丰富的关于 Mg^{2+} 提取富集经验。Birnhack 和 Lahav[45]通过离子交换树脂在酸性海水脱盐水中提取了 Mg^{2+}，但为了保持电荷平衡向溶液中释放了大量的 Ca^{2+}，引入了新的杂质。Lahav 等[46]采用纳米滤膜富集了海水中的 Mg^{2+} 并成功转化为鸟粪石（$MgNH_4PO_4$），但纳米滤膜的选择性较差，部分金属阳离子在此过程中与 Mg^{2+} 一同被富集，最终残留在产品中。Lehmann 等[47]证明磁铁矿微粉能够有效吸附 $Mg(OH)_2$，并通过磁选的方式与其他固相产物分离，所得磁性产物经适度酸溶后可令 $Mg(OH)_2$ 转化为可溶性 Mg^{2+}，达到镁脱吸附和磁铁矿微粉再生的目的。铬铁矿浸出液中同时存在 Fe^{2+}、Fe^{3+} 和 Mg^{2+}，通过控制实验条件，存在先将 Fe^{2+}、Fe^{3+} 转化为磁铁矿，然后使 Mg^{2+} 转化为 $Mg(OH)_2$ 吸附在磁铁矿上并与铁元素一同除去的可能。然而此过程中是否会造成严重的铬损失还有待进一步考证。

在湿法冶金中，镁常作为矿物中主体元素的伴生元素而得到广泛关注，它常常会在浸出过程中与待提取元素一同进入液相，对产品的提纯造成一定困难。溶液中 Mg^{2+} 分离与提取的常规方法是将其转化为不溶性沉淀或使用有机溶剂进行萃取[48]。Karidakis 等[49]以 $Ca(OH)_2$ 为沉淀剂在硫酸体系中将超过 90% 的 Mg^{2+} 转化为 $Mg(OH)_2$，并以 $Mg(OH)_2$-$CaSO_4 \cdot 2H_2O$ 混合沉淀的形式与溶液分离。Agatzini 等[50]对红土铌铁矿浸出液中的 Mg^{2+} 回收进行了研究，发现 20% 的二（2, 4, 4-三甲基戊基）次膦酸（Cyanex 272）能够萃取出约 98% 的 Mg^{2+}，且能够通过硫酸反萃将有机相中 Mg^{2+} 几乎全部回收。Gao 等[51, 52]使用水热合成法从红土矿浸出液中分离出了 Mg^{2+}，并最终制备了纳米级 $Mg(OH)_2$ 颗粒和 $NiFe_2O_4$。得到的 $Mg(OH)_2$ 可以用来固化冶炼工艺中产生的 CO_2，降低温室气体排放量[53, 54]。

Zhong 等[55]和 Zhang 等[56]对铝精炼产生的赤泥进行了铝元素回收的研究，发现经 200℃ 以上的水热合成工序可以将浸出液中大部分 Al^{3+} 转化为钙铝榴石而与体系分离，浸出率可达 80% 以上，但仍有部分 Al^{3+} 残留在浸出液中。An 等[57]采用改性后的硅胶吸附剂（ionic imprinted polymers-polyethyleneimine，IIP-PEI）/SiO_2 提取了含稀土溶液中的 Al^{3+}，且吸附剂表现出极高的选择性。有机萃取法在酸性体系中 Al^{3+} 的分离提取领域也有广泛应用。徐美燕[58]等以二（2-乙基己基）磷酸酯（P204）为萃取剂，经三级错流萃取回收了水厂污泥中约 96% 的 Al^{3+}。Xu 等[59]指出长链脂肪酸对酸性溶液中 Al^{3+} 的提取也有良好的效果。另外，有研究证明通过配置合适比例和组成的混合萃取液，可以同时将溶液中的 Fe^{3+} 和 Al^{3+} 萃取到有机相中[60]。

经前面研究证实，铬铁矿酸溶浸出法是一种可以有效控制 Cr^{6+} 生成的铬盐清洁生产工艺。通过控制反应条件，可保证较高的铬浸出率和反应效率。由于尖晶石相在分解过程中将所有金属离子同时释放到液相中，所得浸出液为一种多组分酸性溶液，溶液中含有的主要金属离子为 Cr^{3+}、Fe^{3+}、Fe^{2+}、Mg^{2+} 和 Al^{3+}，pH<0。其中，Cr^{3+} 与 Fe^{3+} 的含量最高，两者离子半径相近，酸性体系中的化学性质也极为相似，分离难度极大。铬铁矿酸溶浸出工艺起步较晚，针对浸出液中铬与铁有效分离的成功案例并不多见。铬盐中铁元素往往会严重恶化产品性能，因此工业铬盐产品对于其中铁含量的要求均较高。以工业碱式硫酸铬为例，我国要求产品中 TFe 质量分数≤0.1%，德国要求 TFe 质量分数≤0.02%，日本要求 TFe 质量分数≤0.0017%[61]，对镁含量和铝含量无特殊要求。因此，通过清洁、高效的方法实现铬铁矿浸出液

中铬与铁的有效分离，无疑对铬铁矿酸溶浸出工艺的产业化应用具有极其重要的意义。本节以化工领域的特征除铁工艺为指导，研究铬铁矿浸出液中铬与铁的分离方法，重点考察两种元素的分离效果，并对其在酸溶浸出工艺中的适用性进行综合评价。

6.2　针 铁 矿 法

6.2.1　理论分析

针铁矿法是湿法冶金工业中常用的除铁方法，此法可应用于多种酸性体系，除铁过程可在常压和较低温度（80～100℃）下进行，且操作简单[62]。调整溶液pH，Fe^{3+} 即可逐渐水解并最终获得过滤性良好的针铁矿沉淀，实现铁元素与母液分离。由 SO_3-Fe_2O_3-H_2O 系的平衡状态图[63]可知，要使铬铁矿浸出液中 Fe^{3+} 以针铁矿的形式结晶并沉淀下来需要保持溶液中较低的 Fe^{3+} 浓度。在实际生产中，Fe^{3+} 浓度往往需要保持在 1g/L 以下。

Fe^{3+} 从溶液水解析出的离子反应为

$$Fe^{3+} + 3H_2O \Longrightarrow Fe(OH)_3 + 3H^+ \qquad (6\text{-}5)$$

$$2Fe^{3+} + 3H_2O \Longrightarrow Fe_2O_3 + 6H^+ \qquad (6\text{-}6)$$

$$Fe^{3+} + 2H_2O \Longrightarrow FeOOH + 3H^+ \qquad (6\text{-}7)$$

$$3Fe^{3+} + 2SO_4^{2-} + 7H_2O \Longrightarrow (H_3O)Fe_3(SO_4)_2(OH)_6 + 5H^+ \qquad (6\text{-}8)$$

式中，草黄铁矾最为稳定。但由于其过滤性能较差，一般不将其作为除铁目标产物。当温度为 80℃时，反应（6-8）的 pH 平衡条件为

$$pH_{5.4} = -2.1429 - \frac{3}{5}\lg a_{Fe^{3+}} - \frac{2}{5}\lg a_{SO_4^{2-}} \qquad (6\text{-}9)$$

Fe^{3+} 在水解产物间相互转变的离子反应为

$$6Fe(OH)_3 + 4SO_4^{2-} + 8H^+ \Longrightarrow 2(H_3O)Fe_3(SO_4)_2(OH)_6 + 4H_2O \qquad (6\text{-}10)$$

$$3Fe_2O_3 + 4SO_4^{2-} + 8H^+ + 5H_2O \Longrightarrow 2(H_3O)Fe_3(SO_4)_2(OH)_6 \qquad (6\text{-}11)$$

$$6FeOOH + 4SO_4^{2-} + 8H^+ + 2H_2O \Longrightarrow 2(H_3O)Fe_3(SO_4)_2(OH)_6 \qquad (6\text{-}12)$$

$$Fe(OH)_3 \Longrightarrow FeOOH + H_2O \qquad (6\text{-}13)$$

$$Fe_2O_3 + H_2O \Longrightarrow 2FeOOH \qquad (6\text{-}14)$$

以 80℃为例，当 $a_{SO_4^{2-}}$ 为 0.03 时，反应（6-10）、反应（6-11）和反应（6-12）的平衡 pH 分别为 3.90、0.04 和 –0.07，即在此条件的液相中与草黄铁矾相平衡的铁化物形式有 FeOOH、Fe_2O_3 和 $Fe(OH)_3$，其中 FeOOH 最稳定。由此可知，Fe^{3+} 最易析出草黄铁矾，其次是 FeOOH 和 Fe_2O_3，析出 $Fe(OH)_3$ 最为困难，即便析出

了 Fe(OH)$_3$ 也会逐渐转变为 FeOOH 等更为稳定的形式。因此决定铁在水解过程中沉淀形式的关键反应为反应（6-12）。此时，反应（6-12）的 pH 平衡条件为

$$pH_{5.8} = -0.6982 + \frac{1}{2}\lg a_{SO_4^{2-}} \tag{6-15}$$

即决定 $pH_{5.8}$ 的因素为溶液中 SO_4^{2-} 的活度，且 $pH_{5.8}$ 随 $a_{SO_4^{2-}}$ 的增大而升高。

随着 $a_{Fe^{3+}}$ 的降低，$pH_{5.8}$ 保持稳定，$pH_{5.4}$ 逐渐上升，最后将导致 $pH_{5.4}=pH_{5.8}$，即 FeOOH(s)-(H$_3$O)Fe$_3$(SO$_4$)$_2$(OH)$_6$(s)-Fe^{3+}(l) 三相达到平衡状态。当 $a_{Fe^{3+}}$ 低于该三相平衡的 $a_{Fe^{3+}}$ 时，$pH_{5.4} > pH_{5.8}$，草黄铁矾相将消失，这时 Fe^{3+} 的水解产物为 FeOOH；相反，当 $a_{Fe^{3+}}$ 高于该三相平衡的 $a_{Fe^{3+}}$ 时，Fe^{3+} 的水解产物为 (H$_3$O)Fe$_3$(SO$_4$)$_2$(OH)$_6$。因此，只有 Fe^{3+} 浓度保持在较低水平时，才能使溶液中 Fe^{3+} 以 FeOOH 的形式析出。

与 Fe^{3+} 类似，Cr^{3+} 和 Al^{3+} 也能够形成 CrOOH 和 AlOOH，但稳定性较 FeOOH 差。在有 Fe^{3+} 存在时，其他金属阳离子更倾向于吸附在 FeOOH 晶体的表面，或替代某一特定晶面上的 Fe^{3+}，并在晶体长大过程中掺杂进入 FeOOH 晶体内部，且掺杂量会随陈化时间的延长而增大[64,65]。因此在采用针铁矿法除铁时，一方面要对沉淀进行多次水洗和醇洗，另一方面要注意控制陈化时间，避免过大铬损失。

6.2.2　实验方法

1. 实验原料

本节以南非铬铁矿浸出液为研究对象。首先向铬铁矿浸出液中滴加理论计算值 1.2 倍的双氧水，将 Fe^{2+} 完全转变为 Fe^{3+}，然后将溶液在 80℃保温 10min，令溶液中过量双氧水分解，所得处理后的浸出液作为研究母液。对母液中金属离子进行 ICP-OES 检测，结果见表 6.1。由检测结果可知，溶液中所有的 Fe^{2+} 均已转化为 Fe^{3+}，Fe^{3+} 浓度为 10.4g/L，Cr^{3+} 浓度为 21.5g/L。本节选用氢氧化钠为中和剂。

表 6.1　母液金属离子成分（一）（单位：g/L）

离子	浓度	离子	浓度
Fe^{3+}	10.4	Mg^{2+}	4.2
Cr^{3+}	21.5	Al^{3+}	3.7

2. 实验步骤

由理论分析可知，为保证针铁矿法除铁的顺利进行，要求控制溶液中 Fe^{3+} 浓

度低于 1g/L。因此，本节采用不含 Fe^{3+} 的稀硫酸溶液作为底液，向其中缓慢滴加母液，在搅拌作用下令滴入的 Fe^{3} 均匀地在底液中分散，促使其水解为针铁矿，实验装置如图 6.1 所示。

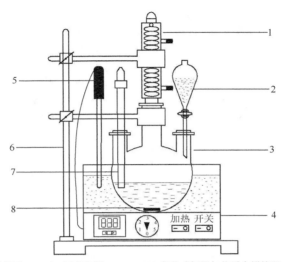

1-冷凝回流管；2-分液漏斗；3-三口圆底烧瓶；4-DF-101S 集热式恒温加热磁力搅拌器；5-DT100 温度探头；
6-铁架台；7-pH 计；8-磁力搅拌子

图 6.1　针铁矿法除铁实验装置示意图

在实验过程中，首先向三口烧瓶中倒入稀硫酸底液 500mL，启动搅拌器和加热装置，至温度达到目标值后，向三口烧瓶中缓慢滴加浸出液 50mL，并在此过程中保证反应温度和搅拌速度恒定。通过 pH 计监测反应过程中溶液 pH 的变化，并通过滴加稀氢氧化钠溶液控制底液 pH 稳定在初始值±0.2 范围内。母液滴加完毕后，继续保温搅拌一段时间。将最终得到的悬浊液过滤、分离，检测滤液中 Fe^{3+} 和 Cr^{3+} 浓度，并按式（6-16）计算除铁率和铬损失率。

$$\eta = 1 - \frac{V_1 \cdot C_1}{V_2 \cdot C_2} \times 100\% \qquad (6\text{-}16)$$

式中，η 为金属离子去除率或损失率；V_1 为母液体积（L）；C_1 为母液中金属离子浓度(g/L)；V_2 为除杂反应后溶液体积(L)；C_2 为除杂反应后溶液中金属离子浓度(g/L)。

针铁矿法除铁过程中，溶液体系 pH 影响 Fe^{3+} 与 OH^- 的结合能力，亦是 Fe^{3+} 能否以针铁矿形式沉淀的决定性条件。反应温度和陈化时间的控制对于针铁矿晶体的结晶性能和析出行为有至关重要的作用。因此，本节探究溶液体系 pH（1.5、2、2.5、3）、反应温度（80℃、85℃、90℃、95℃）和陈化时间（1h、1.5h、2h、3h）对铬铁矿浸出液中铬与铁分离效果的影响。

6.2.3　实验结果分析与讨论

1. 体系 pH

本实验重点考察溶液体系 pH 对针铁矿法除铁效果的影响，反应温度恒定为 90℃，陈化时间统一为 3h。不同 pH 条件下进行针铁矿法除铁的结果如图 6.2 所示。

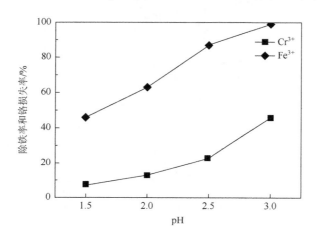

图 6.2　溶液体系 pH 对除铁率和铬损失率的影响

由图 6.2 可知，溶液体系 pH 对于除铁率和铬损失率影响明显。随着 pH 的升高，体系提供 OH^- 的能力逐渐增强，促进了 Fe^{3+} 的水解，因此除铁率随 pH 的升高而逐渐提升。当 pH 达到 3 时，近 99% 的 Fe^{3+} 被除去。铬损失率也呈现出与除铁率相同的趋势，当除铁率达到最高值时，约有 46% 的 Cr^{3+} 进入析出相，且多次水洗固相产物也无明显改善作用。

图 6.3 为溶液体系 pH 为 3 时析出相的 SEM 图像。由图 6.3 可知，主体析出产物为针棒状，晶粒尺寸不均匀，这可能是由搅拌或试样处理过程中造成的晶体断裂导致的。对晶体进行 EDS 检测可知，除主体的铁元素和氧元素外，在表面发现了大量的钾、铝、铬等元素。进一步进行 XRD 分析，除针铁矿外并未发现其他化合物相。由此可推测，析出产物为针铁矿晶体，其在沉降过程中包夹、吸附了大量的金属离子，导致了严重的铬损失。

2. 反应温度

在不同反应温度下，对 pH 为 3、陈化时间为 3h 的溶液体系进行针铁矿法除铁实验，结果如图 6.4 所示。除铁率与铬损失率均随反应温度的提高而逐渐上升。

当达到 90℃后，继续升高反应温度对铬与铁的分离效果影响不大。由此可知，升高反应温度有利于针铁矿晶体的结晶和发育，使其能够快速地发生沉降而与浸出液分离。然而，由于针铁矿晶体的大量形成，Cr^{3+}等金属离子与针铁矿结合，并随之脱离溶液体系，影响铬浸出率。

图 6.3　溶液体系 pH 为 3 时析出相的 SEM 图像

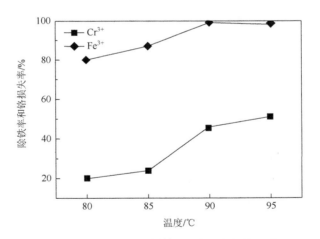

图 6.4　反应温度对除铁率和铬损失率的影响

3. 陈化时间

为确定陈化时间对针铁矿法分离铬与铁效果的影响，本实验在 pH 为 3 的溶液中进行，温度恒定在 90℃并持续保温 3h。其中，每隔 1h 进行一次取样并检测，结果如图 6.5 所示。随陈化时间的延长，除铁率和铬损失率均逐渐上升。陈化时间达 2h 后，95%以上的 Fe^{3+}析出，但此时铬损失率也在 40%以上，继续延长陈化时间，除铁率进一步提升，但上升趋势减缓。在溶液中，Fe^{3+}结合 OH^-发生水解作用形成 FeOOH，通常为 α-FeOOH。单一的 α-FeOOH 并不能稳定存在，它们会在溶液中发生聚合，并以无机高聚物$[\alpha\text{-FeOOH}]_n$的形式存在。$[\alpha\text{-FeOOH}]_n$在水溶液中溶解度较小，因此会通过形核长大逐渐析出。首先析出的$[\alpha\text{-FeOOH}]_n$晶体会作为后续析出的形核核心，提供$[\alpha\text{-FeOOH}]_n$持续析出的场所。因此，陈化过程为$[\alpha\text{-FeOOH}]_n$的形核析出和晶粒长大提供了必要条件，保证了针铁矿晶体发育的完整性，有助于除铁率的提升。然而，在晶体发育过程中，Cr^{3+}会吸附在针铁矿晶体的表面上，并随着溶液中Fe^{3+}浓度的降低而逐渐替代Fe^{3+}参与晶体构成，最终掺杂进入针铁矿晶体内部。因此，这也是即便对沉淀进行多次水洗和醇洗，也无法明显提高铬浸出率的原因。

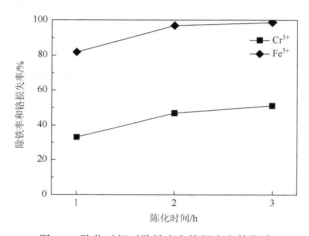

图 6.5　陈化时间对除铁率和铬损失率的影响

　　基于以上研究可知，针铁矿法是一种酸性体系溶液中有效的除铁方法。通过控制溶液体系的pH、反应温度和陈化时间能够除去溶液中99%的Fe^{3+}，形成的针铁矿可以作为二次资源在冶金行业中应用。然而，针铁矿的形成和沉降过程中会结合大量的Cr^{3+}，导致严重的铬损失。因此，对于铬铁矿浸出液，Fe^{3+}含量高，溶液成分复杂，针铁矿法对铬与铁的分离能力有限。

6.3　草　酸　法

　　草酸羧基中的氧有孤对电子，它能够与溶液中Fe^{2+}空轨道结合，形成草酸亚铁微溶物，从而能够实现铁与其他元素分离的目的[17]。该工艺流程简单，条件温和，且得到的草酸亚铁作为富铁料在冶金和化工领域极具应用价值[18]。因此，学者就反应条件对除铁效果的影响进行了大量的研究工作。Taxiarchou 等[19]研究得出，草酸亚铁的析出量随溶液温度的升高而增大，在 90～100℃内进行除铁实验时除铁效果最为理想。

6.3.1　理论分析

草酸法是多组元酸性溶液体系中重要的金属元素分离的方法，通过控制络合条件和目标离子与络离子的配比，实现特定元素的提取和分离。铬铁矿浸出液是主要含有 Cr^{3+}、Fe^{3+}、Fe^{2+}、Mg^{2+} 和 Al^{3+} 等金属阳离子的酸性溶液。草酸羧基中的氧有孤对电子，它能够与铬铁矿浸出液中的二价金属阳离子（如 Fe^{2+} 和 Mg^{2+}）空轨道结合形成配位化合物，从而形成草酸盐微溶物并沉淀下来。在此过程中，三价金属阳离子（如 Cr^{3+} 和 Al^{3+}）并不参与络合反应。本体系中，采用草酸法除铁存在如下反应：

$$H_2C_2O_4 \Longrightarrow H^+ + HC_2O_4^- \tag{6-17}$$
$$K_{a1} = 5.4 \times 10^{-2}$$

$$HC_2O_4^- \Longrightarrow H^+ + C_2O_4^{2-} \tag{6-18}$$
$$K_{a2} = 5.4 \times 10^{-5}$$

$$Fe^{2+} + C_2O_4^{2-} \Longrightarrow FeC_2O_4 \tag{6-19}$$
$$K_{sp} = 2.1 \times 10^{-7}$$

$$Mg^{2+} + C_2O_4^{2-} \Longrightarrow MgC_2O_4 \tag{6-20}$$
$$K_{sp} = 8.6 \times 10^{-5}$$

式中，K_{a1} 与 K_{a2} 为解离常数；K_{sp} 为溶度积常数。由反应（6-17）～反应（6-20）可得出溶液中 Fe^{2+} 浓度与溶液 pH 的关系，如图 6.6 所示。

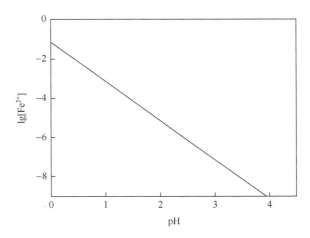

图 6.6　溶液中 Fe^{2+} 浓度与溶液 pH 的关系

如图 6.6 所示，溶液中的 Fe^{2+} 浓度随 pH 的增大而降低，因此溶液酸度的降低有利于铁的去除。但应注意，若溶液中游离的 $C_2O_4^{2-}$ 浓度过高，则会与草酸盐沉淀继续络合形成 $Fe(C_2O_2)_2^{2-}$、$Fe(C_2O_4)_3^{4-}$ 或 $Mg(C_2O_4)_2^{2-}$ 等可溶物并重新进入溶液。从以上分析可知，由于草酸的不完全电离，草酸的加入量应大于理论计算量，但加入量过多又会导致络合沉淀的再溶解。因此，寻求合适的 pH 和草酸加入量是草酸法去除铬铁矿浸出液中铁元素的关键。

6.3.2 实验方法

1. 实验原料

本节以南非铬铁矿浸出液作为研究对象。首先向浸出液中加入过量还原铁粉，使 Fe^{3+} 完全转变为 Fe^{2+}，然后经过滤处理分离剩余铁粉，所得滤液作为研究母液。对母液中金属离子进行 ICP-OES 检测，结果见表 6.2。由检测可知，溶液中所有的 Fe^{3+} 均已转化为 Fe^{2+}，Fe^{2+} 浓度为 14.1g/L，Mg^{2+} 浓度为 6.0g/L，Cr^{3+} 浓度为 23.9g/L。本节选用氢氧化钠为中和剂。

表 6.2 母液金属离子成分（二）（单位：g/L）

离子	浓度	离子	浓度
Fe^{2+}	14.1	Mg^{2+}	6.0
Cr^{3+}	23.9	Al^{3+}	4.2

2. 实验步骤

取 100mL 母液，逐滴滴加氢氧化钠溶液调节至实验所需 pH，然后向溶液中缓慢加入草酸固体，并不断搅拌。实验过程中，通过滴加稀氢氧化钠溶液将体系 pH 控制在目标值±0.2 内，反应在室温下进行。当溶液的 pH 不再明显变化时停止搅拌。过滤后收集滤液，检测滤液中的 Fe^{2+}、Mg^{2+}、Cr^{3+} 浓度，按照式（6-16）计算除铁率、除镁率和铬损失率。

3. 研究方案

由前面分析可知，溶液 pH 和草酸加入量是决定草酸法去除铬铁矿浸出液中铁和镁元素的关键因素。因此，本节分别将溶液的 pH 设定为 1、2、3 和 4，将草酸加入量（实际值/理论计算值）设定为 0.8、1.0、1.2 和 1.4。

6.3.3　实验结果分析与讨论

1. 体系 pH

溶液 pH 对于草酸亚铁的析出行为有重要的影响。当 pH 过低时，草酸电离受到抑制，溶液中 $H_2C_2O_4$ 分子大量存在。pH 过高将导致溶液中 $C_2O_4^{2-}$ 为主要的离子，容易与草酸亚铁沉淀进一步络合形成可溶性草酸盐并重新进入溶液体系中，导致除铁率降低[20, 21]。图 6.7 为溶液 pH 对铬铁矿浸出液除铁率、除镁率的影响。由图 6.7 可以看出，溶液 pH 为 2 时，除铁率、除镁率较 pH 为 1 时明显升高，除铁率达到 99%，除镁率达到 82%。随 pH 继续升高，除铁率、除镁率逐渐降低。这是由于 pH 较低时，草酸电离的 $C_2O_4^{2-}$ 较少，电离产物主要以 $HC_2O_4^-$ 的形式存在，此时 pH 的提升促进了草酸的进一步电离，向溶液中提供更多的 $C_2O_4^{2-}$，促进了溶液中 Fe^{2+} 和 Mg^{2+} 形成草酸盐沉淀，使得溶液中的 Fe^{2+} 和 Mg^{2+} 减少。当溶液 pH 超过 2 时，草酸电离出的 $C_2O_4^{2-}$ 开始与 FeC_2O_4、MgC_2O_4 沉淀发生络合反应，生成 $Fe(C_2O_2)_2^{2-}$、$Fe(C_2O_4)_3^{4-}$ 和 $Mg(C_2O_4)_2^{2-}$ 等可溶性物质，使沉淀重新溶解到溶液中，造成除铁率、除镁率降低。因此，本节所得草酸法除铁适宜 pH 为 2。

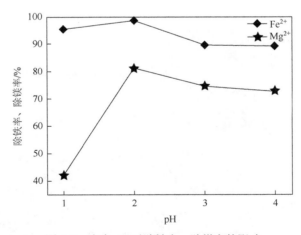

图 6.7　溶液 pH 对除铁率、除镁率的影响

对 pH 为 2 时所得固相产物进行 XRD 和 SEM-EDS 分析，结果如图 6.8 和图 6.9 所示。由图 6.8 可知，草酸法除铁渣的物相为单一 $(Mg,Fe)C_2O_4 \cdot 2H_2O$ 相，并无含铬相存在，且 $(Mg,Fe)C_2O_4 \cdot 2H_2O$ 结晶效果好，与标准峰的匹配程度高，证明 Fe^{3+} 和 Mg^{2+} 在实验过程中以草酸盐共沉淀的形式沉降。由图 6.9 可知，草

酸法除铁产物为多边形颗粒状，以簇群集合体的形式存在。对表面进行 EDS 检测发现，其中仅含碳、氧、铁、镁元素，并没有发现铬元素或其他金属离子的吸附现象。为进一步核实铬元素的走向和赋存状态，对草酸法除铁渣进行了 ICP-OES 检测，同样未发现铬元素的存在。由此可以证明，在草酸法除铁过程中不会造成明显的铬损失。

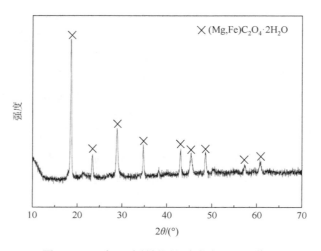

图 6.8　pH 为 2 时所得固相产物的 XRD 谱图

图 6.9　pH 为 2 时所得固相产物的 SEM 图像

2. 草酸加入量

草酸试剂是 $C_2O_4^{2-}$ 的唯一来源，其加入量对去除铬铁矿浸出液中 Fe^{2+} 和 Mg^{2+} 有重要影响。加入量过少将无法保证 Fe^{2+} 和 Mg^{2+} 的有效去除；加入量太多则会导致草酸的浪费，甚至会造成沉淀的进一步络合与重溶。因此，针对草酸与 Fe^{2+} 和 Mg^{2+} 络合反应的特点，寻求最佳草酸加入量对控制除杂效果至关重要。本节以计算所得完全沉淀母液中 Fe^{2+} 和 Mg^{2+} 所需草酸质量为理论计算值，讨论不同草酸加入量（实际值/理论计算值）对除铁率、除镁率的影响，结果如图 6.10 所示。

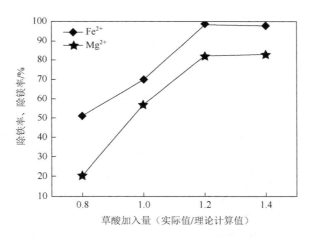

图 6.10 草酸加入量对除铁率、除镁率的影响

由图 6.10 可知，溶液中除铁率、除镁率均随草酸加入量而逐渐升高，当草酸加入量达到理论计算值的 1.2 倍时，除铁率和除镁率达到最高。提高草酸加入量至理论计算值的 1.4 倍对除铁率、除镁率影响不大。一方面，草酸为二元弱酸，在酸性体系中电离困难，并不能完全转变为 $C_2O_4^{2-}$；另一方面，实验过程的动力学条件有限，离子间的接触与反应在溶液体系中并非均一发生。因此，实验所需草酸加入量实际值略高于理论计算值。本节草酸加入量为理论计算值 1.2～1.4 倍时可以保证较好的除杂效果。

草酸亚铁和草酸镁在酸性溶液中为微溶物，本实验向 pH 为 2 的母液中加入适量草酸固体，将 99% 的 Fe^{2+} 和 80% 以上的 Mg^{2+} 转化为草酸盐沉淀，并且在反应过程中未发现明显铬损失。然而，此工艺并不能将铬元素和铁元素完全分离，无法制得高品质铬盐产品。因此，草酸法是一种适用于分离酸性体系中铬与铁的初级除杂工艺。

6.4 萃　取　法

6.4.1　理论分析

　　按萃取液酸碱性，萃取体系可分为酸性萃取体系和中性萃取体系，其中酸性萃取体系又可分为硫酸萃取体系、硝酸萃取体系和盐酸萃取体系。本节的研究对象为硫酸浸出液，因此应当选用适合硫酸体系的萃取剂。

　　萃取剂 B 是一种工业中常用的酸性萃取剂。在萃取过程中，萃取剂 B 羟基上的 H^+ 发生解离，与水溶液中的待萃取离子发生离子交换，使待萃取离子与萃取剂 B 结合进入有机相（O 相），将大量 H^+ 释放到无机水相（A 相）中。因此，水溶液中的 pH 将会随萃取反应的进行而逐渐降低，使萃取剂 B 对特定离子的萃取能力发生改变。本节采用氢氧化钠水溶液为皂化剂，对萃取剂 B 进行皂化反应，使部分萃取剂 B 羟基上的 H^+ 被 Na^+ 替代，保证萃取反应在一个相对稳定的 pH 区间内进行。

　　萃取剂 B 在不同酸度的溶液中对不同金属离子的萃取能力不同。在 pH 为 1～2 时，萃取剂 B 对 Fe^{3+} 的萃取能力较强。在此条件下，Fe^{3+} 在水溶液中会与 $(OH)^-$ 结合发生部分水解，导致 Fe^{3+} 进入有机相时向无机水相释放 $(OH)^-$。因此，反应过程中 pH 的变化受萃取剂 B 皂化率（萃取剂 B 与碱性物质发生皂化反应的物质的量/要处理萃取剂 B 的总物质的量）和 Fe^{3+} 水解作用的共同影响。将萃取剂 B 皂化和萃取 Fe^{3+} 的反应机理描述如图 6.11 所示。其中，R 为烷基链。当 $3-a+c>b$ 时，萃取反应后水相 pH 会下降；当 $3-a+c=b$ 时，水相的酸碱度在萃取过程中保持相对稳定；当 $3-a+c<b$ 时，萃取反应后水相 pH 会上升。

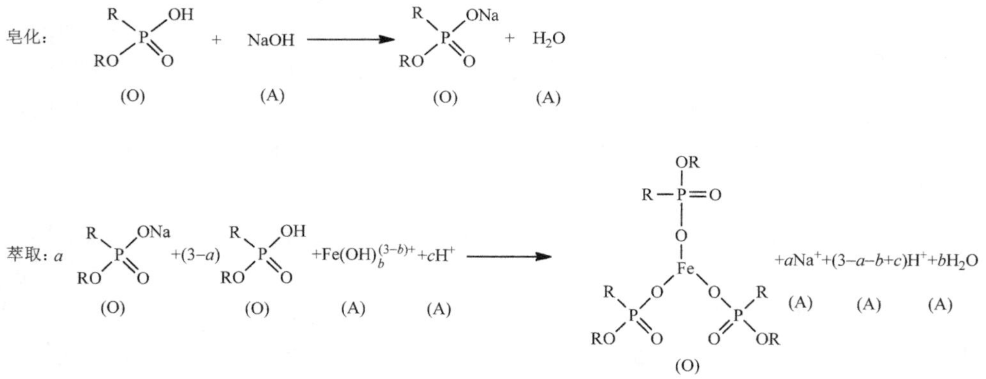

图 6.11　萃取剂 B 皂化和萃取 Fe^{3+} 的反应机理

6.4.2　实验方法

1. 实验原料

本节以南非铬铁矿浸出液作为研究对象。首先向浸出液中滴加理论计算值 1.2 倍的双氧水，将 Fe^{2+} 完全转变为 Fe^{3+}，然后在 80℃保温 10min 令溶液中过量双氧水分解，所得溶液作为研究母液。对母液中金属离子进行 ICP-OES 检测，结果见表 6.3。由检测可知，溶液中所有的 Fe^{2+} 均已转化为 Fe^{3+}，Fe^{3+} 浓度为 11.6g/L，Cr^{3+} 浓度为 18.3g/L。本节以氢氧化钠水溶液和稀硫酸作为 pH 控制剂，选用纯度大于 95%的工业萃取剂 B 为 Fe^{3+} 萃取剂，使用工业磺化煤油为稀释剂，采用氢氧化钠水溶液作为皂化剂。在萃取反应后，以稀硫酸作为洗涤剂回收有机相中的 Cr^{3+}，并以盐酸作为反萃剂反萃有机相中的 Fe^{3+}。

表 6.3　母液金属离子成分（三）（单位：g/L）

离子	浓度	离子	浓度
Fe^{3+}	11.6	Mg^{2+}	5.9
Cr^{3+}	18.3	Al^{3+}	5.8

2. 实验步骤

向母液中逐滴滴入 10%的氢氧化钠溶液，令母液 pH 达到实验要求。将萃取剂 B 与磺化煤油以一定比例混合，制备有机萃取剂。根据皂化比例向有机相中倒入 10%的氢氧化钠溶液进行皂化，静置 10h 后分离下层水相。将皂化后的萃取剂 B 与母液依次倒入分液漏斗中，在常温下进行振荡混合。混合结束后静置分液漏斗，使两相自然分层。水相由分液漏斗下方放出，经 ICP-OES 检测后倒入另一分液漏斗中重复萃取实验。上层有机相留在分液漏斗中，并使用稀硫酸洗涤 10min，将有机相中的 Cr^{3+} 洗涤到水相中。多次洗涤后，配置 4mol/L 的盐酸溶液对有机相进行 Fe^{3+} 反萃。在此过程中，Fe^{3+} 以氯化铁溶液的形式回收。萃取剂 B 羟基上的金属离子被 H^+ 替换，使其得以再生并在后续萃取工序中循环使用。采用 ICP-OES 检测和化学分析检测萃取实验后水相中金属离子浓度，按照式（6-16）计算 Fe^{3+}、Cr^{3+}、Mg^{2+} 和 Al^{3+} 的去除率或损失率。对铁与铬在萃取过程中的分离效果以分离系数进行评价，其表达式为

$$\beta_{Fe/Cr} = \frac{C_{Fe(O)}/C_{Fe(A)}}{C_{Cr(O)}/C_{Cr(A)}} \tag{6-21}$$

式中，$\beta_{Fe/Cr}$ 为铁与铬在本体系中的分离系数；$C_{Fe(O)}$ 为铁在有机相中的浓度；$C_{Fe(A)}$ 为铁在水相中的浓度；$C_{Cr(O)}$ 为铬在有机相中的浓度；$C_{Cr(A)}$ 为铬在水相中的浓度。

3. 研究方案

本节采用萃取剂 B，对铬铁矿浸出液进行 Fe^{3+} 分离提取的实验研究，重点考察母液初始 pH（1.00、1.25、1.50、1.75 和 2.00）、萃取剂 B 体积分数（20%、30%、40% 和 50%）、相比（有机相体积/水相体积 = 0.5/1、0.75/1、1/1、1.25/1 和 1.5/1）、皂化率（0%、20%、40% 和 60%）和萃取时间（2min、4min、6min、8min 和 10min）对萃取效果的影响。具体实验方案见表 6.4。依据实验所得结果，制定多级萃取制度，综合评价本萃取工艺对铬铁矿浸出液中铬与铁的分离效果。

表 6.4 实验方案

编号	pH	萃取剂 B 体积分数/%	相比	皂化率/%	萃取时间/min
1	1.00	40	1/1	60	10
2	1.25	40	1/1	60	10
3	1.50	40	1/1	60	10
4	1.75	40	1/1	60	10
5	2.00	40	1/1	60	10
6	1.50	20	1/1	60	10
7	1.50	30	1/1	60	10
8	1.50	50	1/1	60	10
9	1.50	40	0.5/1	60	10
10	1.50	40	0.75/1	60	10
11	1.50	40	1.25/1	60	10
12	1.50	40	1.5/1	60	10
13	1.50	40	1/1	0	10
14	1.50	40	1/1	20	10
15	1.50	40	1/1	40	10
16	1.50	40	1/1	60	2
17	1.50	40	1/1	60	4
18	1.50	40	1/1	60	6
19	1.50	40	1/1	60	8

6.4.3　实验结果分析与讨论

1. *初始 pH*

由理论分析可知，萃取过程中水相 pH 会随反应的进行而发生改变，准确实时地监测有机相与水相混合体系的 pH 难以实现。因此，本节以水相初始 pH 为考察因素进行萃取实验，并对一次萃取后的水相 pH 进行检测。

图 6.12 考察不同初始 pH 下萃取剂 B 对母液中金属离子的萃取率。在水相初始 pH 为 1.00～2.00 时，萃取剂 B 对 Fe^{3+}的萃取率远高于 Cr^{3+}、Mg^{2+}和 Al^{3+}，选择性较强。其中，当初始 pH 为 1.50 时，Fe^{3+}的萃取率达到最高，91%的 Fe^{3+}通过与萃取剂 B 键合从水相中脱离。同时，约有 14%的 Cr^{3+}、11%的 Mg^{2+}和 24%的 Al^{3+}一同被萃取到有机相中。在实验过程中观察到，当水相初始 pH 为 1.00～1.75 时，萃取后两相分离速率较快，可在 15s 内形成明显界面。当初始 pH 为 2.00 时，乳化现象明显，需静置长时间才能令有机相与水相分离彻底。对反应后的水溶液进行 pH 检测，发现所有试样的 pH 均有不同程度的提高。这证明在此实验条件下，未皂化的萃取剂 B 在结合金属离子过程中所解离出的 H^+不足以中和掉 Fe^{3+}水解产物所释放的$(OH)^-$，导致水相 pH 上升。

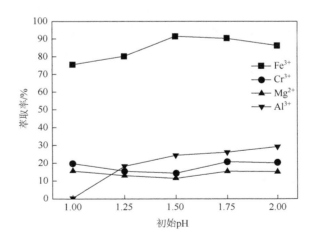

图 6.12　母液初始 pH 对金属离子萃取率的影响

萃取过程中水相 pH 对于萃取剂 B 的选择性有决定性作用。按式（6-21）对本实验铁与铬的分配系数进行计算，结果如图 6.13 所示。由式（6-21）可知，铁与铬的分配系数与 Fe^{3+}的萃取率成正比，与 Cr^{3+}的萃取率成反比。萃取剂 B 在水相初始 pH 为 1.50 时对 Fe^{3+} 的萃取能力最强，此时的 $\beta_{Fe/Cr}$ 达到最大值。因此，水相初始 pH 为 1.50 时，铬铁矿浸出液中铁与铬的分离效果最好。

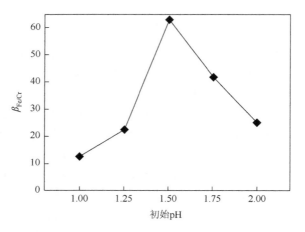

图 6.13　母液初始 pH 对铁与铬分配系数的影响

2. 萃取剂 B 体积分数

萃取剂 B 为萃取水溶液中金属离子的有机载体，有机相中萃取剂 B 体积分数越高，对特定离子的萃取能力也越强。然而，当萃取剂 B 体积分数过高时，有机相黏度就会增大，影响萃取过程中两相混合的均匀程度，进而影响萃取后两相的分离效果。因此，本实验考察萃取剂 B 在体积分数为 20%～40%时对铬铁矿浸出液金属离子的萃取率。图 6.14 为萃取剂 B 体积分数对母液中金属离子萃取率的

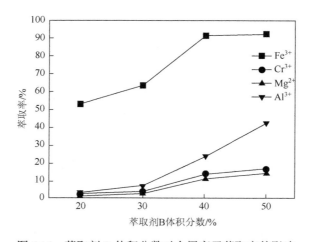

图 6.14　萃取剂 B 体积分数对金属离子萃取率的影响

影响。金属离子的萃取率随萃取剂 B 体积分数的升高而提升。当萃取剂 B 体积分数为 20%时，Fe^{3+}的萃取率仅为 53%。当萃取剂 B 体积分数升高至 40%时，90%以上的 Fe^{3+}进入有机相。继续提升萃取剂 B 体积分数对 Fe^{3+}的萃取率影响不大。但 Al^{3+}的萃取率始终随萃取剂 B 体积分数的升高而上升。在萃取剂 B 体积分数为 50%时，Al^{3+}的萃取率可达 42%。Al^{3+}的大量萃取消耗了萃取剂 B，使其利用率降低。因此，萃取剂 B 的最佳体积分数为 40%。

3. 相比

提高相比是在保证萃取剂 B 在具备适当黏度和萃取能力的前提下，进一步提高萃取效果的方法。图 6.15 为金属离子萃取率随相比的变化关系。所有金属离子萃取率均随有机相用量的增加而增加。其中，对 Fe^{3+}而言，相比由 0.5/1 提高到 1/1 后，萃取率提升了约 40 个百分点；相比由 1/1 进一步提升至 1.5/1 后，Fe^{3+}的萃取率提升不到 5 个百分点，此时萃取剂 B 的利用效率降低。另外，萃取过程中萃取剂 B 的大量使用还会影响后期 Cr^{3+}的洗涤效率和 Fe^{3+}的反萃效率。因此，相比为 1/1 已能满足对 Fe^{3+}的萃取要求。

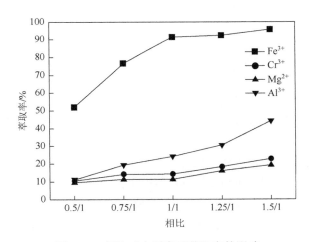

图 6.15　相比对金属离子萃取率的影响

4. 皂化率

由前面分析可知，皂化率对萃取过程中水相的 pH 变化有决定性作用，进而对萃取剂 B 的萃取能力有重要影响。皂化率过低时，萃取剂 B 会向水溶液中释放大量 H^+，导致反应后期溶液体系酸性大幅增强，使萃取剂 B 对 Fe^{3+}的萃取率产生较大改变。皂化率过高时，萃取剂 B 自身携带的 H^+不足以中和所有 Fe^{3+}水解产物所释放的$(OH)^-$，使水溶液 pH 逐渐升高，影响萃取剂 B 对金属离子的萃取选择性。

　　另外，过高的皂化率还会导致有机相黏度增大、流动性降低，使皂化过程和萃取过程中两相分离困难。工业生产中，有机萃取剂的皂化率一般不高于 80%。因此，本节主要研究皂化率为 0～60%对母液中金属离子萃取率的影响，实验结果如图 6.16 所示。由图 6.16 可知，所有金属离子萃取率均随皂化率的升高而上升。当皂化率为 60%时，Fe^{3+}的萃取率在 90%以上。继续提升皂化率至 80%，皂化过程中有机相与水相不分层，后续检测难以进行。

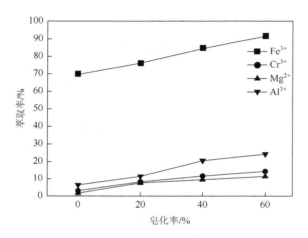

图 6.16　皂化率对金属离子萃取率的影响

　　对萃取后的母液进行 pH 检测，并将其与初始 pH 对比，结果如图 6.17 所示。研究发现，当不对萃取剂 B 进行皂化时，反应后母液 pH 大幅下降；当皂化率为 20%～40%时，母液 pH 维持在一个相对稳定的区间内，此时萃取剂 B 的萃取能力也相对稳定；当皂化率提升至 60%时，母液 pH 由初始值 1.50 升高到 2.67。结合前面研究可以得出，若要保证多级萃取反应的连续性，应当将皂化率控制在 20%～40%，这样可以避免多级萃取对溶液 pH 的反复调整。若要减少萃取级数、保证萃取剂 B 的高利用效率，那么皂化率应当控制在 60%左右。本节采用 60%的皂化率进行其他工艺条件的考察实验。

5. 萃取时间

　　图 6.18 为母液中金属离子萃取率随萃取时间的变化关系。由图 6.18 可知，萃取反应发生得极为迅速，萃取剂 B 与母液混合 2min 后即有近 80%的 Fe^{3+}进入有机相，随着萃取时间的延长，两相混合均匀性提高，金属离子的萃取率也逐渐上升，但上升趋势逐渐变缓，6min 左右基本达到萃取平衡，反应 10min 后 Fe^{3+}萃取率可达 91%。

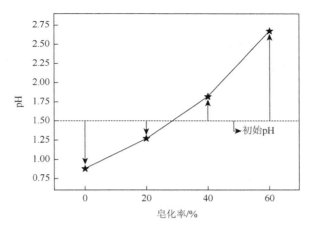

图 6.17　皂化率对母液 pH 变化的影响

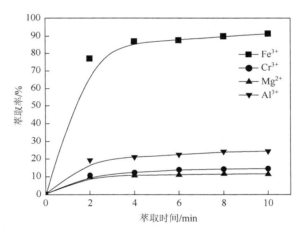

图 6.18　萃取时间对金属离子萃取率的影响

6. 萃取制度的制定

在上述所得实验结果的基础上，对母液进行多级萃取实验。本实验在初始 pH 为 1.5 的母液中进行，选用皂化率为 60% 的萃取剂 B，萃取剂 B 体积分数为 40%，每次萃取 10min。各级萃取结束后，均使用稀硫酸溶液将水相 pH 调回至 1.5，以继续后续萃取操作。萃取结果见表 6.5。连续进行恒定相比为 1/1 的三级萃取后，水相中检测不到 Fe^{3+}，此时约有 22% 的 Cr^{3+} 进入有机相中。为探究是否存在进一步减少萃取剂 B 用量的可能，将三级萃取有机相总量保持恒定（3 倍水相），萃取制度改为五级萃取，相比分别为 1/1、0.5/1、0.5/1、0.5/1 和 0.5/1，结果见表 6.6。对比表 6.5 和表 6.6 可知，两种萃取制度在达到相同 Fe^{3+} 萃取率时所需的萃取剂 B 用量是相同的，且 Cr^{3+} 萃取率呈现相似效果。由此证明经长时间（10min）的混合振荡后，各级反应萃取剂 B 的利用效率较高，少量多次萃取机制对萃取效果无明显改善。因此，恒定相比为 1/1 的三级萃取是适用于铬铁矿浸出液提取 Fe^{3+} 的合理萃取制度。

表 6.5　三级萃取中 Fe^{3+} 与 Cr^{3+} 的萃取率

萃取级数	相比	Fe^{3+}萃取率/%	Cr^{3+}萃取率/%
1	1/1	91.3	14.3
2	1/1	99.6	18.7
3	1/1	约 100	21.9

表 6.6　五级萃取中 Fe^{3+} 与 Cr^{3+} 的萃取率

萃取级数	相比	Fe^{3+}萃取率/%	Cr^{3+}萃取率/%
1	1/1	91.3	14.3
2	0.5/1	97.4	17.0
3	0.5/1	99.1	19.6
4	0.5/1	99.9	20.2
5	0.5/1	约 100	22.7

7. 洗涤与反萃

在萃取 Fe^{3+} 的过程中，部分 Cr^{3+} 与萃取剂 B 结合进入有机相。当铬铁矿浸出液中 Fe^{3+} 萃取完全时，Cr^{3+} 萃取率也超过 20%。一方面导致了严重的铬损失，另一方面对于有机相中 Fe^{3+} 的回收利用造成了一定影响。因此，本节以 0.1mol/L 稀硫酸作为洗涤剂，对负载有机相中的 Cr^{3+} 进行洗涤，相比为 1/1，每次洗涤 10min。经两次洗涤后共回收了约 70% 的铬，铬损失率由 22% 降到 7% 以下。洗涤液对 Fe^{3+} 的选择性较差，Fe^{3+} 洗涤率不足 0.5%，实现了 Cr^{3+} 的有效回收。洗涤工序所得的富铬稀硫酸溶液可加入下一批次的铬铁矿浸出液中，继续进行 Fe^{3+} 的萃取反应。

为回收有机相中大量的 Fe^{3+}，实现资源的高效综合利用，本节使用 4mol/L 盐酸溶液对洗涤后的有机相进行 Fe^{3+} 的反萃实验。反萃过程中相比为 1/1，反萃时间为 8min，一次反萃后 Fe^{3+} 回收率为 62%，经相同条件下四次反萃后，99% 的 Fe^{3+} 被反萃到盐酸溶液中。反萃液可经浓缩蒸发，制备含铁产品，盐酸可回收利用。不仅如此，在洗涤和反萃过程中，萃取剂 B 羟基上连接的金属离子重新被 H^+ 所取代，萃取剂 B 得以再生，可在后续萃取工艺中反复使用。

与针铁矿法和草酸法相比，萃取法在常温下即可进行，溶液中的铁元素得以完全分离提取，铬损失率较低，萃取剂 B 可以反复使用。因此，萃取法是一种分离铬铁矿浸出液中铬元素与铁元素的有效方法。

6.5　本章小结

本章依托于铬铁矿酸溶浸出工艺，以浸出所得多组分酸性浸出液为研究对象，分别使用针铁矿法、草酸法和萃取法对浸出液进行了铁元素的分离提取实验，重点考察了铬与铁的分离效果，综合评价了三种除铁方法在铬铁矿酸溶浸出工艺中应用的可行性。在本实验条件下，得到如下主要结论。

（1）采用针铁矿法，通过将溶液加热至 90℃，调整 pH 到 3 左右，陈化时间为 3h，可除去母液中约 99%的 Fe^{3+}，但铬损失严重。针铁矿法不适用于铬铁矿浸出液中铬与铁的分离。

（2）采用草酸法，向 pH 为 2 的母液中加入理论计算值 1.2 倍的草酸，可将 99%的 Fe^{2+}和 80%以上的 Mg^{2+}转化为草酸盐沉淀，沉淀中未检测到铬元素存在。草酸法能将溶液中的铁含量处理到较低水平，同时能除去 80%以上的镁，且不会导致明显铬损失，但此工艺无法将铁和铬完全分离，可作为浸出液的初级除铁工艺。

（3）采用萃取法，将皂化率为 60%的萃取剂 B 与磺化煤油配成体积分数为 40%的萃取有机相，以 1/1 的相比与 pH 为 1.5 的母液进行混合。经三级萃取后，可完全除去溶液中的 Fe^{3+}，经两次稀酸洗涤，铬损失率小于 7%。用 4mol/L 盐酸溶液对有机相进行四级反萃，Fe^{3+}反萃率可达 99%。萃取法操作简单，萃取剂 B 可重复利用，可以实现铬与铁的有效分离，是一种适合于铬铁矿酸溶浸出工艺的除铁方法。

参 考 文 献

[1] 李浩. 针铁矿法沉铁过程铁离子浓度预测模型研究及系统开发[D]. 长沙：中南大学，2011.

[2] Kandori K，Shigetomi T，Ishikawa T，et al. Study on forced hydrolysis reaction of acidic Fe₂(SO₄)₃ solution—Structure and properties of precipitates[J]. Colloids and Surfaces A：Physicochemial and Engineering Aspects，2004，232（1）：19-28.

[3] Claassen J O，Sandenbergh R F. Influence of temperature and pH on the quality of metastable iron phases produced in zinc-rich solutions[J]. Hydrometallurgy，2007，86：178-190.

[4] Loan M，Newman O M G，Cooper R M G，et al. Defining the Paragoethite process for iron removal in zinc hydrometallurgy[J]. Hydrometallurgy，2006，81（2）：104-129.

[5] Krýsa J，Jirkovský J，Bajt O，et al. Competitive adsorption and photodegradation of salicylate and oxalate on

goethite[J]. Catalysis Today，2011，161（1）：221-227.

[6]　Han S K，Hwang T M，Yoon Y J，et al. Evidence of singlet oxygen and hydroxyl radical formation in aqueous goethite suspension using spin-trapping electron paramagnetic resonance（EPR）[J]. Chemosphere，2011，84：1095-1101.

[7]　Das S，Hendry M J，Essilfie-Dughan J. Adsorption of selenate onto ferrihydrite, goethite, and lepidocrocite under neutral pH conditions[J]. Applied Geochemistry，2013，28：185-193.

[8]　Xi J H，He M C，Wang K P，et al. Adsorption of antimony（III）on goethite in the presence of competitive anions[J]. Journal of Geochemical Exploration，2013，132：201-208.

[9]　Ristić M，Musić S，Godec M. Properties of γ-FeOOH，α-FeOOH and α-Fe₂O₃ particles precipitated by hydrolysis of Fe^{3+} ions in perchlorate containing aqueous solutions[J]. Journal of Alloys and Compounds，2006，417：292-299.

[10]　Krehula S，Musić S. Influence of aging in an alkaline medium on the microstructural properties of α-FeOOH[J]. Journal of Crystal Growth，2008，310（2）：513-520.

[11]　Chang Y F，Zhai X J，Li B C，et al. Removal of iron from acidic leach liquor of lateritic nickel ore by goethite precipitate[J]. Hydrometallurgy，2010，101：84-87.

[12]　Han H S，Sun W，Hu Y H，et al. The application of zinc calcine as a neutralizing agent for the goethite process in zinc hydrometallurgy[J]. Hydrometallurgy，2014，147-148：120-126.

[13]　Xie Y F，Xie S W，Chen X F，et al. An integrated predictive model with an on-line updating strategy for iron precipitation in zinc hydrometallurgy[J]. Hydrometallurgy，2015，151：62-72.

[14]　Wang K，Li J，McDonald R G，et al. Characterisation of iron-rich precipitates from synthetic atmospheric nickel laterite leach solutions[J]. Minerals Engineering，2013，40：1-11.

[15]　Liu H B，Chen T H，Frost R L. An overview of the role of goethite surfaces in the environment[J]. Chemosphere，2014，103：1-11.

[16]　Langová Š，Riplová J，Vallová S. Atmospheric leaching of steel-making wastes and the precipitation of goethite from the ferric sulphate solution[J]. Hydrometallurgy，2007，87（3-4）：157-162.

[17]　Du F H，Li J S，Li X X，et al. Improvement of iron removal from silica sand using ultrasound-assisted oxalic acid[J]. Ultrasonics Sonochemistry，2011，18（1）：389-393.

[18]　Tarasova I I，Dudeney A W L，Pilurzu S. Glass sand processing by oxalic acid leaching and photocatalytic effluent treatment[J]. Minerals Engineering，2001，14（6）：639-646.

[19]　Taxiarchou M，Panias D，Douni I，et al. Removal of iron from silica sand by leaching with oxalic acid[J]. Hydrometallurgy，1997，46（1-2）：215-227.

[20]　Lee S O，Tran T，Jung B H，et al. Dissolution of iron oxide using oxalic acid[J]. Hydrometallurgy，2007，87（3-4）：91-99.

[21]　Lee S O，Tran T，Park Y Y，et al. Study on the kinetics of iron oxide leaching by oxalic acid[J]. International Journal of Mineral Processing，2006，80（2-4）：144-152.

[22]　刘安昌，贾丽慧. 铬鞣剂中铁的脱除方法研究[J]. 中国皮革，2007，36（17）：26-28.

[23]　Inglezakis V J，Loizidou M D，Grigoropoulou H P，et al. Equilibrium and kinetic ion exchange studies of Pb^{2+}，Cr^{3+}，Fe^{3+} and Cu^{2+} on natural clinoptilolite[J]. Water Research，2002，36（11）：2784-2792.

[24]　Lasanta C，Caro I，Pérez L. Theoretical model for ion exchange of iron（III）in chelating resins：Application to metal ion removal from wine[J]. Chemical Engineering Science，2005，60（13）：3477-3486.

[25]　Aboul-Magd A S，Al-Haddad O A. Kinetics and mechanism of ion exchange of Fe^{3+}，Cd^{2+} and Na^+/H^+ on Lewatite S-100 cation exchanger in aqueous and aqueous-detergent media[J]. Journal of Saudi Chemical Society，2012，16（4）：

395-404.

[26] Sehaqui H，Larraya U P，Liu P，et al. Enhancing adsorption of heavy metal ions onto biobased nanofibers from waste pulp residues for application in wastewater treatment[J]. Cellulose，2014，21（4）：2831-2844.

[27] Liu P，Sehaqui H，Tingaut P，et al. Cellulose and chitin nanomaterials for capturing silver ions（Ag^+）from water via surface adsorption[J]. Cellulose，2014，21（1）：449-461.

[28] Liu P，Borrell P F，Božičb M，et al. Nanocelluloses and their phosphorylated derivatives for selective adsorption of Ag^+，Cu^{2+} and Fe^{3+} from industrial effluents[J]. Journal of Hazardous Materials，2015，294：177-185.

[29] Wang H M，Bigham J M，Tuovinen O H. Formation of schwertmannite and its transformation to jarosite in the presence of acidophilic iron-oxidizing microorganisms[J]. Materials Science and Engineering：C，2006，26（4）：588-592.

[30] Kaksonen A H，Morris C，Rea S，et al. Biohydrometallurgical iron oxidation and precipitation：Part II—Jarosite precipitate characterisation and acid recovery by conversion to hematite[J]. Hydrometallurgy，2014，147-148：264-272.

[31] Kaksonen A H，Morris C，Hilario F，et al. Iron oxidation and jarosite precipitation in a two-stage airlift bioreactor[J]. Hydrometallurgy，2014，150：227-235.

[32] Gramp J P，Jones F S，Bigham J M，et al. Monovalent cation concentrations determine the types of Fe（III）hydroxysulfate precipitates formed in bioleach solutions[J]. Hydrometallurgy，2008，94（1-4）：29-33.

[33] 周桂英，刘美荣. 湿法冶金过程净化除铁的研究进展[M]. 北京：冶金工业出版社，2012.

[34] Johnston C P，Chrysochoou M. Mechanisms of chromate adsorption on hematite[J]. Geochimica et Cosmochimica Acta，2014，138：146-157.

[35] Ning P G，Lin X，Cao H B，et al. Selective extraction and deep separation of V（V）and Cr（VI）in the leaching solution of chromium-bearing vanadium slag with primary amine LK-N21[J]. Separation and Purification Technology，2014，137：109-115.

[36] Ölmez T. The optimization of Cr（VI）reduction and removal by electrocoagulation using response surface methodology[J]. Journal of Hazardous Materials，2009，162：1371-1378.

[37] Chang F C，Wang Y N，Chen P J，et al. Factors affecting chelating extraction of Cr，Cu，and As from CCA-treated wood[J]. Journal of Environmental Management，2013，122：42-46.

[38] Ko C H，Chen P J，Chen S H，et al. Extraction of chromium，copper，and arsenic from CCA-treated wood using biodegradable chelating agents[J]. Bioresource Technology，2010，101（5）：1528-1531.

[39] Choi Y S，Ahn B J，Kim G H. Extraction of chromium，copper，and arsenic from CCA-treated wood by using wood vinegar[J]. Bioresource Technology，2012，120：328-331.

[40] Cui Y M，Chang X J，Zhu X B，et al. Chemically modified silica gel with p-dimethylaminobenzaldehyde for selective solid-phase extraction and preconcentration of Cr（III），Cu（II），Ni（II），Pb（II）and Zn（II）by ICP-OES[J]. Microchemical Journal，2007，87（1）：20-26.

[41] Wionczyk B，Apostoluk W. Solvent extraction of chromium（III）from alkaline media with quaternary ammonium compounds. Part I [J]. Hydrometallurgy，2004，72（3-4）：185-193.

[42] Wionczyk B，Apostoluk W. Solvent extraction of Cr（III）from alkaline media with quaternary ammonium compounds. Part II [J]. Hydrometallurgy，2004，72（3-4）：195-203.

[43] Wionczyk B，Apostoluk W. Equilibria of extraction of chromium（III）from alkaline solutions with trioctylmethylammonium chloride（Aliquat 336）[J]. Hydrometallurgy，2005，78（1-2）：116-128.

[44] Wionczyk B，Apostoluk W，Charewicz W A. Solvent extraction of chromium（III）from spent tanning liquors with

Aliquat 336[J]. Hydrometallurgy，2006，82（1-2）：83-92.

[45]　Birnhack L，Lahav O. A new post-treatment process for attaining Ca^{2+}，Mg^{2+}，SO_4^{2-} and alkalinity criteria in desalinated water[J]. Water Research，2007，41（17）：3989-3997.

[46]　Lahav O，Telzhensky M，Zewuhn A，et al. Struvite recovery from municipal-wastewater sludge centrifuge supernatant using seawater NF concentrate as a cheap Mg（Ⅱ）source[J]. Separation and Purification Technology，2013，108：103-110.

[47]　Lehmann O，Nir O，Kuflik M，et al. Recovery of high-purity magnesium solutions from RO brines by adsorption of $Mg(OH)_2$(s) on Fe_3O_4 micro-particles and magnetic solids separation[J]. Chemical Engineering Journal，2014，235（1）：37-45.

[48]　Meng L，Qu J K，Guo Q，et al. Recovery of Ni，Co，Mn，and Mg from nickel laterite ores using alkaline oxidation and hydrochloric acid leaching[J]. Separation and Purification Technology，2015，143：80-87.

[49]　Karidakis T，Agatzini L S，Neou S P，et al. Removal of magnesium from nickel laterite leach liquors by chemical precipitation using calcium hydroxide and the potential use of the precipitate as a filler material[J]. Hydrometallurgy，2005，76（1-2）：105-114.

[50]　Agatzini L S，Tsakiridis P E，Oustadakis P，et al. Hydrometallurgical process for the separation and recovery of nickel from sulphate heap leach liquor of nickeliferous laterite ores[J]. Minerals Engineering，2009，22（14）：1181-1192.

[51]　Gao J，Zhang M，Gao M，et al. Synthesis of magnesium hydroxide submicroplatelets from laterite leaching solutions[J]. Chemistry Letter，2014，43（9）：1508-1510.

[52]　Gao J，Zhang M，Gao M，et al. Structure and magnetic properties of Co，Mn，Mg，and Al codoped nickel ferrites prepared from laterite leaching solutions[J]. Chemistry Letter，2014，43（7）：1098-1100.

[53]　Nduagu E，Björklöf T，Fagerlund J，et al. Production of magnesium hydroxide from magnesium silicate for the purpose of CO_2 mineralization—Part 1：Application to Finnish serpentinite[J]. Minerals Engineering，2012，30：75-86.

[54]　Nduagu E，Björklöf T，Fagerlund J，et al. Production of magnesium hydroxide from magnesium silicate for the purpose of CO_2 mineralization—Part 2：Mg extraction modeling and application to different Mg silicate rocks[J]. Minerals Engineering，2012，30：87-94.

[55]　Zhong L，Zhang Y F，Zhang Y. Extraction of alumina and sodium oxide from red mud by a mild hydro-chemical process[J]. Journal of Hazardous Materials，2009，172（2-3）：1629-1634.

[56]　Zhang R，Zheng S L，Ma S H，et al. Recovery of alumina and alkali in Bayer red mud by the formation of andradite-grossular hydrogarnet in hydrothermal process[J]. Journal of Hazardous Materials，2011，189（3）：827-835.

[57]　An F Q，Gao B J，Huang X W，et al. Selectively removal of Al（Ⅲ）from Pr（Ⅲ）and Nd（Ⅲ）rare earth solution using surface imprinted polymer[J]. Reactive and Functional Polymers，2013，73（1）：60-65.

[58]　徐美燕，孙贤波，赵庆祥. 萃取法回收水厂污泥中铝的技术研究Ⅱ. 浆液萃取法[J]. 华东理工大学学报，2007，33（3）：375-409.

[59]　Xu Y H，Ma Y，Wang X Y，et al. Removing Al from rare earth chloride solution by method of extraction[J]. Journal of Rare Earths，2005，23（1）：121-124.

[60]　Sui N，Huang K，Lin J Y，et al. Removal of Al，Fe and Si from complex rare-earth leach solution：A three-liquid-phase partitioning approach[J]. Separation and Purification Technology，2014，127：97-106.

[61]　刘淑英. 《工业碱式硫酸铬》行业标准简介[J]. 化工标准化与质量监督，1995（10）：14-16.

[62]　吴远桂，谈定生，丁伟中，等. 针铁矿法除铁及其在湿法冶金中的应用[J]. 湿法冶金，2014，33（2）：86-89.

[63]　陈家镛，于淑秋，伍志春. 湿法冶金中铁的分离与利用[M]. 北京：冶金工业出版社，1991.

[64]　Sileo E E，Ramos A Y，Magaz G E，et al. Long-range vs. short-range ordering in synthetic Cr-substituted goethites[J]. Geochimica et Cosmochimica Acta，2004，68（14）：3053-3063.

[65]　Tufo A E，Sileo E E，Morando P J. Release of metals from synthetic Cr-goethites under acidic and reductive conditions：Effect of aging and composition[J]. Applied Clay Science，2012，58：88-95.

第 7 章 碱式硫酸铬清洁制备工艺

基于前面研究工作，本章提出碱式硫酸铬清洁制备新工艺，全面分析新工艺中各金属元素的赋存形式和最终走向，并对新工艺所制备的产品进行综合评价。

7.1 理论依据与工艺设计

碱式硫酸铬又称为盐基性硫酸铬、铬盐精或铬粉，是铬盐行业中的重要产品，常用于制革、印染、陶瓷等工业，也是生产氢氧化铬的重要原料。碱式硫酸铬的传统生产工艺是采用碱性氧化焙烧将铬铁矿氧化为水溶性重铬酸钠从而与其他不溶杂质分离，然后用蔗糖（硫酸体系中）或二氧化硫（非硫酸体系中）将 Cr^{6+} 还原为 Cr^{3+}，并通过调整溶液 pH 制备碱式硫酸铬产品。根据我国化工行业标准《工业碱式硫酸铬》(HG/T 2678—2015)，工业碱式硫酸铬应符合的技术要求见表 7.1。《工业碱式硫酸铬》中主要对 Cr_2O_3 质量分数、碱度、Fe 质量分数、Cr^{6+} 浓度和 pH 进行了规定，少量镁和铝对于产品质量影响不大。

表 7.1　我国工业碱式硫酸铬产品标准

项目	指标			
	I 型		II 型	
	高碱度	低碱度	高碱度	低碱度
Cr_2O_3 质量分数/%	24~26		21~23	
碱度/%	36~40	31~35	36~40	31~35
Fe 质量分数/%	≤0.05		≤0.05	
水不溶物质量分数/%	≤0.1		≤0.1	
Cr^{6+}浓度/(mg/kg)	≤2		≤2	
pH（100g/L 溶液）	3.0~4.0	2.0~3.0	3.0~4.0	2.0~3.0

美国标准 *Standard Practice for Calculation of Basicity of Chrome Tanning*

Liquors（ASTM D3897—1991）规定碱度为碱式硫酸铬中与 OH⁻ 相连的铬元素质量占总铬元素质量的百分数。市售的碱式硫酸铬碱度有 33%、40%、48%和 50%等。例如，对鞣革用碱式硫酸铬，碱度过低会损害它在皮革上的附着效果，碱度过高又会恶化它在鞣制过程中向皮革内部的扩散能力。因此，工业中常用的碱式硫酸铬鞣革剂的碱度在 33%左右。大量研究证明，将硫酸铬溶液 pH 调整到 3 左右即可获得碱度为 33%的碱式硫酸铬溶液[1-3]。

　　本章提出一种由铬铁矿制备碱式硫酸铬产品的清洁生产工艺。工艺流程图如图 7.1 所示。该工艺以铬铁矿硫酸浸出与萃取除铁为主体，加入去除镁元素和铝元素的可选工序（虚线部分），以根据需要制备高品质的碱式硫酸铬产品。

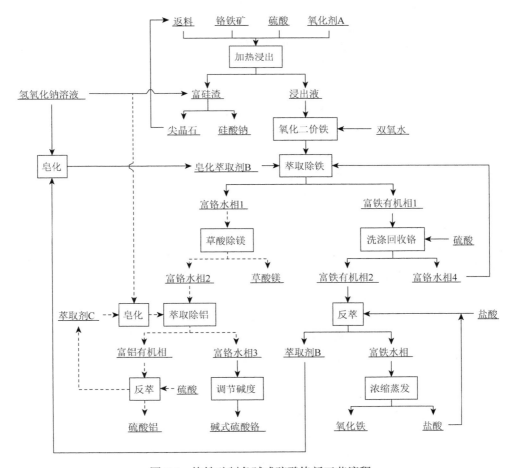

图 7.1　铬铁矿制备碱式硫酸铬新工艺流程

铬铁矿制备碱式硫酸铬新工艺具备以下特色。

（1）通过合理控制反应条件，新工艺的各个环节均有效避免了 Cr^{6+} 生成，从源头杜绝了 Cr^{6+} 污染，所有废料均达到工业排放标准。

（2）浸出反应所得富硅渣中无硫酸铬，经氢氧化钠溶液处理后渣中二氧化硅转化为硅酸钠副产品，未反应含铬尖晶石相可作为返料继续浸出，实现了废渣的无害化排放。

（3）除铁过程采用萃取工艺，实现了铬铁矿浸出液中铬与铁的深度分离，为制备高品质碱式硫酸铬产品提供了保证。

（4）洗涤过程使用稀硫酸进行 Cr^{3+} 回收，并将洗涤液返回下一批次浸出液中，提升了铬与铁的分离效率，降低了铬损失。

（5）反萃过程再生了萃取剂 B 和萃取剂 C，浓缩蒸发过程回收了盐酸，实现了物料的循环利用，降低了生产成本和废弃物排放量。

（6）浸出液经萃取除铁后可直接进行镁和铝的分离工序，进一步提升了产品的应用价值，保证了新工艺的连续性，避免了大量酸碱的使用。

7.2　重要元素走向及浸出率分析

在铬铁矿硫酸浸出过程中，尖晶石相和硅酸盐相中所有金属阳离子一同释放到酸解液中。由于氧化还原反应的发生，矿石中部分 Fe^{2+} 转化为 Fe^{3+}。铬铁矿浸出液中含有的金属离子有 Cr^{3+}、Fe^{2+}、Fe^{3+}、Mg^{2+} 和 Al^{3+}，其中，Fe^{2+} 可以保证溶液中不存在 Cr^{6+}。铬浸出率可达 93%，铁浸出率达 78%。Fe^{2+} 在滴加双氧水的过程中全部氧化为 Fe^{3+}。经萃取剂 B 萃取，Fe^{3+} 全部进入有机相，另有少量 Cr^{3+} 一同进入有机相（可通过稀硫酸洗涤回收）。此时，水相中含有的金属离子有 Cr^{3+}（大量）、Na^+（大量）（pH 调节和萃取过程引入）、Mg^{2+}（少量）和 Al^{3+}（少量）。

通过加入草酸，可分离回收 80% 以上的 Mg^{2+}，且无铬损失。继续经萃取剂 C 除铝后，约 97% 的 Al^{3+} 进入有机相与富铬溶液分离，少量 Cr^{3+} 一同进入有机相。调节富铬溶液碱度，可得碱式硫酸铬溶液，铬元素总浸出率（碱式硫酸铬中铬元素质量/铬铁矿中铬元素质量）为 82%，铬损失主要由少部分未反应尖晶石相和 Fe^{3+} 与 Al^{3+} 的萃取环节造成。其中，未反应尖晶石相与二氧化硅分离后可作为返料继续进行后续浸出，进一步提升铬浸出率。有机相中 Fe^{3+} 由 4mol/L 盐酸反萃至水相中得到氯化铁溶液，反萃率达 99% 以上，进一步进行浓缩蒸发可制备冶金用氧化铁料。铁元素总浸出率（氧化铁中铁元素质量/铬铁矿中铁元素质量）为 78%。有机相中几乎所有 Al^{3+} 经 3mol/L 硫酸萃取后进入水相得到硫酸铝溶液。

铬元素和铁元素的走向分析如图 7.2 所示。

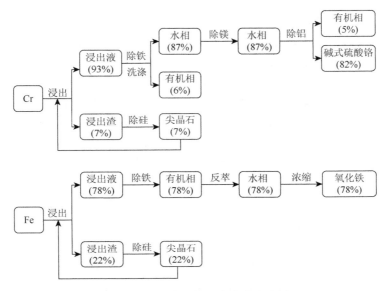

图 7.2　铬元素和铁元素的走向分析

7.3　碱式硫酸铬产品及其他副产品分析

依据 7.1 节提出的工艺路线（图 7.1）制备碱式硫酸铬产品，并按照国家标准对其进行相关指标检测，得出 Cr_2O_3 质量分数约 24%，碱度为 33%±1%，Fe 质量分数<0.01%，无不溶物存在，指标符合工业碱式硫酸铬产品要求，并达到德国工业标准。其中，硫酸钠为除碱式硫酸铬外的主要物相，约占产品总质量的 34%，Al 质量分数<0.05%，Mg 质量分数<0.5%。

对铬铁矿硫酸浸出渣进行氢氧化钠溶液处理，经过滤分离后得到硅酸钠溶液副产品和不溶性含铬尖晶石。对硅酸钠溶液依照国家标准《工业硅酸钠》（GB/T 4209—2022）进行检测，得出 Na_2O 质量分数约 11%，SiO_2 质量分数约 27%，Fe 质量分数<0.01%，无不溶物存在，指标符合相关要求。制备的硅酸钠可用作化工原料、填充料、黏结剂或防腐剂等。

另外，除镁工序中得到的草酸镁副产品的主要物相为 $MgC_2O_4 \cdot 2H_2O$，其质量分数>99%，Fe 质量分数<0.01%，可作为化学药品使用。除铁工序中回收铁元素得到的氧化铁副产物的主要物相为 Fe_2O_3，其质量分数约 74%，主要杂质离子为 Al^{3+}、Cr^{3+}、Mg^{2+} 和 Na^+，可作为冶金原料使用。

工艺中所用的多种试剂实现了高效回收和循环利用。其中，铬铁矿硫酸浸出过程中，浸出渣经氢氧化钠处理后，尖晶石相可与二氧化硅相分离，并作为返料继续投入生产中，进一步提升了铬浸出率，并实现了废渣的无害化排放。萃取剂 B 和萃取剂 C 分别经盐酸溶液和硫酸溶液对负载有机相反萃后得以再生，可在本工艺中循环使用。其中，反萃富铁有机相 2 时所用的盐酸也可经氯化铁溶液浓缩蒸发后收集回收，用于后续的反萃操作。

工艺中所产生的废弃物均满足国家标准《污水综合排放标准》（GB 8978—1996）和环境保护行业标准《铬渣污染治理环境保护技术规范（暂行）》（HJ/T 301—2007）中要求的排放标准。

7.4　本章小结

本章提出了碱式硫酸铬的清洁制备新工艺，并对工艺流程中的主要元素走向及其浸出率、产品质量等方面进行了综合分析与评价，所得主要结论如下。

（1）利用新工艺可以制备出符合工业标准的碱式硫酸铬产品，Cr_2O_3 质量分数约 24%，碱度为 33%±1%，Fe 质量分数＜0.01%，无不溶物存在，指标符合工业碱式硫酸铬产品要求，并达到德国工业标准。

（2）新工艺实现了多组分溶液体系中铬与铁的深度分离，同时给出了镁、铝等杂质金属元素的去除方法，为优质碱式硫酸铬产品的制备提供了保障。

（3）碱式硫酸铬制备新工艺的各环节产物中均不存在 Cr^{6+} 污染物，所有废弃物均符合国家排放标准，有效解决了铬盐生产的 Cr^{6+} 污染问题。

（4）新工艺中所用的多种试剂均可进行循环使用，有价金属元素得以高效回收，同时制备了具有工业应用价值的副产品。

参 考 文 献

[1]　Erdem M. Chromium recovery from chrome shaving generated in tanning processes[J]. Journal of Hazardous Materials，2006，129（1-3）：143-146.

[2]　Dettmer A，Nunes K G P，Gutterres M，et al. Production of basic chromium sulfate by using recovered chromium from ashes of thermally treated leather[J]. Journal of Hazardous Materials，2010，176（1-3）：710-714.

[3]　Torras J，Buj I，Rovira M，et al. Chromium recovery from exhausted baths generated in plating processes and its reuse in the tanning industry[J]. Journal of Hazardous Materials，2012，209-210：343-347.